艺术、创造力和幻想的世界一直非常的神秘，
从未有人揭示过（能够让人众所周知）一个创意是如何产生的，
一件艺术作品是如何被创作出来的……然而，我认为人们希望了解，
因此我应该试图去解释。

布鲁诺·穆纳里 《幻想》拉泰尔扎 1977年

设计师们通常并不喜欢告诉人们他们是如何获取灵感的，
我猜想他们只是愿意向大众分享那些创意之中隐含的意义。
不过，我们必须要接受那个意义感知中的细微差别。在写这本书时，
布鲁诺·穆纳里的话鼓励我，如实地阐明在设计每个作品时是如何思考的，
以及这些作品是在什么情况下产生的。

深泽直人

NAOTO FUKASAWA

深泽直人

NAOTO FUKASAWA

目录

Without Thought
无意识设计

NAOTO FUKASAWA
深泽直人

恰如其分的设计(Appropriate solutions)

在编排这本书时,我才意识到自己的灵感是如此多样。我知道,读者们希望获得一些行之有效的设计经验。比如,与设计师有着密切联系的特殊形式,设计中倾向于使用的某种材质,源自于创新流程的某种特殊技艺,以及揭示某种隐含的机制或者新现象,可能有的人还希望得到许多诸如此类问题的答案。但是,我的设计其实并没有这些统一的原则或者显而易见的延续性。

有一段时期,我曾要求自己能够遵循"单一的设计思路"进行创作。直到有一天,我意识到其实这种设计思路非常令人窒息。不同于以往在每一次设计中都引入"我自己的感觉"的做法,我开始倾向于追求清晰的想法。可能那是我第一次真正开始努力让设计恰如其分地适合于情景,即摒除自己所刻意强调的"我建议如此"的个人特征,根据实际情况来让设计契合各方面的约束条件,从而使设计看上去非常自然。实际上,当我站在公众的立场,客观地确信最终用户有"希望拥有这样的东西"的愿望时,恰如其分的设计就会自然而然地产生。我的感受是:设计并不是我所创造的,它原本就在那里,我所做的一切,只是将它呈现出来。

最终用户其实是知道恰如其分的设计应该具备哪些不同参数的,但他们并不能准确地描述出来。这就是为什么类似于"希望拥有这样的东西"的模糊概念,并不能产生一个具体的形象,这也是为什么当用户发现一个好设计的时候,他们通常会说"我一直都希望拥有这样的东西"。

无意识设计(Without thought)

1998年,我组织了一场名为"无意识设计"的工作坊,这也是我对人们在无意识状态下会如何处理事情的一次探索。从传统观点来看,设计通常都是有意识的活动。因此,"无意识设计"的概念对于设计师和外行来说都很难理解。在思考工作坊采用什么名字时,我曾询问过两位正好在日本访问的朋友,一位是比尔·莫格里奇(Bill Moggridge),他是我曾经工作过的美国设计公司IDEO的创始人;另一位是比尔·维普兰克(Bill Verplank),他是新兴交互设计领域的先驱。我问他们:"当一个人进入房间后,发现

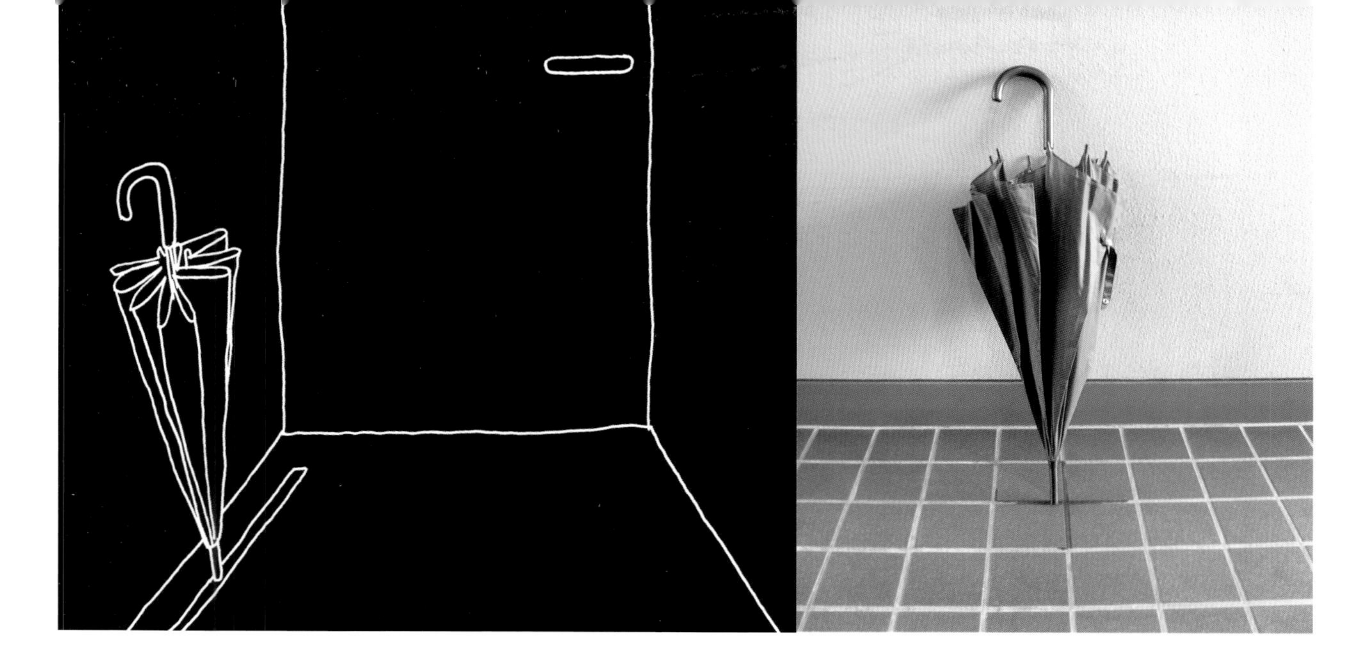

地面上铺了瓷砖，但是没有伞架，他就把伞靠在墙边，把伞尖插在瓷砖之间7毫米的接缝里，这是一个很常见的无意识行为。你会使用怎样的词来形容这种无意识行为的感觉？”他们都立刻回答：“无需思考”。“可以使用‘没怎么思考’吗？”我又问。“不”他们说，“没怎么思考的意思是不替别人着想，是一种不友善的态度。”的确，“无意识设计”就是这样。与此同时，我想象在一个大厅的入口处，距墙10厘米的地面上，有个相似的7毫米的凹槽，它可以成为一个很好的伞架。当访客进来时，他们自然就会把伞往墙上一靠，而雨伞的另一头就插在瓷砖与瓷砖之间的凹槽中。这样就设计出不同于传统圆柱形的伞架了。设计和目的都达成了，而物理的实体却消失了。这触发我举办下一场叫做“设计消解在行为之中”的工作坊。

在这种去物质化的设计思考中，凹槽可以成为一个伞架，伞架也在字面上从人们的行为过程中消解了。这些行为所具有的功能性，可能并不会立刻显现出来，但是当人们无意识地做出这些行为时，它们的功能性就会立刻明了。再比如，当许多人在同一个地方攀爬一条陡峭的山路时，人们都会不自觉地抓住一些树枝和石头。这些树枝和石头因此也被磨得越来越光滑，它们对每个人来说都是可以提供帮助的，所以自然而然地成了我们意识中的焦点，成了行为过程中的节点。我相信，设计就在于找出那些共同点，它们存在于美丽的流动、无需思考的行为和意识集中的交汇之处，设计师就是要去找到它们最佳的形状，摆放在那里。

虽然今天许多人都向往有刺激的设计，但是太多的刺激对于人们的生活而言并不是一件好事。刺激，不可避免地会引发有意识的关注，从而打断无意识的行为。在我看来，人与物之间无意识的、和谐的关系，才是“无意识设计”的最好表达。

设计的轮廓（Design outlines）

设计的轮廓，准确地说，它是实际物体的轮廓，也是其周围空间的轮廓，是移除了物体之后留在空间所形成的孔洞的轮廓。设计就蕴含在发现那个轮廓的过程之中。通常，辨别出孔洞轮廓所要做的事比仅仅看清物体轮廓要做的事多得多。轮廓是由构成环境的方方面面的因素所决定的，包括人的情绪、行为、时间、光线和空气。轮廓是在变化之中的。

有两种方式可以解释轮廓：我们可以把物体看作拼图中的一个小块儿，然后观察它的外边缘；或者我们可以看整个拼图，寻找能够被这个小块儿恰好填充的孔洞，然后沿着它的内边缘完成拼图。它们的形状是相同的，但它们的解释却截然不同。已经拼好的各种各样的拼图块，就是构成设计的要素。它们不仅与当下的时间和文化、客户和技术有关，还与生活方式和使用情境有关。当然，也与所有牵涉其中的人以及所处的环境有关，他们的心智和情感构成、环境周边的客户化思维和品牌哲学、趋势和时尚以及竞争产品，还有无数像我们呼吸的空气一般环绕着我们却被忽视了的事物，而那些孔洞就是由所有这些元素所构成的形状。

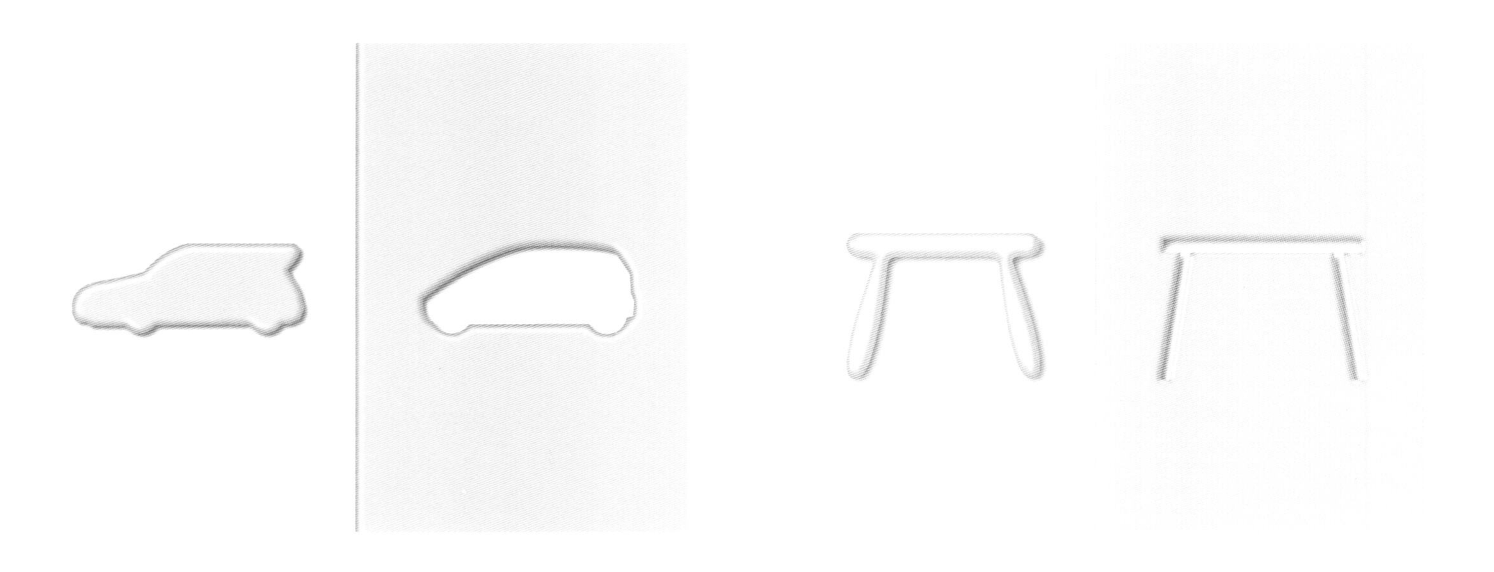

如果孔洞的轮廓显而易见，我们需要做的就是用剪刀把那个形状剪下来，但设计师们通常对那样的形状不会很满意。他们往往会尝试创造一些期望具有“个性设计”或者是带有“设计师style”的设计，这些设计却并不契合孔洞尺寸及其内在要素，如此得到的小块儿可能并不合适。无论我们如何喜欢，都不应该制作与周围环境不相符的形状。话说回来，人们通常都知道孔洞在哪里，这也是为什么当一个新设计“恰如其分”的时候，人们总能表达出来。

产生物体轮廓的夹具

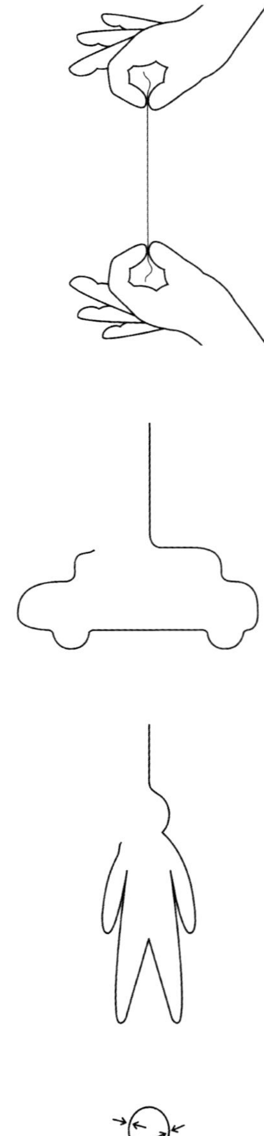

即使孔洞是显而易见的，我们也需要具备很好的剪切技巧。如果不能正确地剪切，就不可能创造出完美的契合。最好的方法就是修剪、纠正、再修剪，这是很耗费时间的地方，也是在设计中实际发生并最终完成设计轮廓必经的过程。

拼图小块儿之间通过轮廓来施加作用力，有些甚至无需直接接触。设计不仅仅只关注轮廓的形状，还要注意相对正确的作用力。我们可以通过一根线来说明这一点。如果可能，我们应避免设计内部有太多力量，避免使用总是把轮廓向外推的形状；我们真正需要的是可以均衡内部和外部的形状，它不产生过于强烈的作用力，这样才可以形成一个优良的、富有弹性的、不会将它的作用力过于凸显出来的设计。

有的设计轮廓只有在我们努力观察的时候才会渐渐进入焦点，而另外一些则会突然出现在日常熟悉的场景中。无论哪种方式，它们原本都是不可见的。正如隐约闪现在无数星星之中的星座，它们的形状是在人们记忆里的，是由非常真实存在于宇宙之中的实体构成的，这些轮廓源于人们在日常生活中所共有的记忆。把这些点连接起来的线，看上去无章可循。你会说“看不见，但是你告诉我之后就很容易看见了”。这种在我们日常无意识的经验中所产生的认知形象，就是设计的本质。

设计师的工作就是提取能够绘制出轮廓的参数，把每一个在漆黑夜空中闪烁的小星星都纳入其中。人们并不会注意到那些非常微小的光点，除非它们构成了轮廓的一部分；而一旦人们看到了整体布局，就会深深地领悟到。有时，单独一颗星星的短暂微光，就能诠释一个前所未有的轮廓。由于参数可以通过时间来散布，也能穿越文化的广度，所以轮廓并不是扁平的，而是典型的、有体积的，它会随着观看者的移动和感觉而发生变化。所以，我们就能在变化的形象中，辨别出嵌于其中不变的元素轮廓，就像我们辨认桌子时，每个人从不同的角度看，都会认为这就是一张桌子。

当元素很明显地适合日常生活中所有可能的参数时，轮廓就会即刻形成。通常，最好的方式是从外部观看轮廓。放在墙上的手会立刻告诉我们，我们正在触摸墙，但是我们通常并不会注意到墙是如何感知手的。找到正确的轮廓并不容易，因为没有什么是清晰的。就像比目鱼隐藏在沙质的海底，只有在它运动的时候才会暴露；一个轮廓也只有在事物运动的时候才能够在“此时”和“此地”显现出来。

我们可以掌控看不见的肌理，也可以触及周围可见物的空间，我们通过难以觉察的线索弄清连接着的网络。设计既不能旨在展示看不见的东西，也不能灌输任何过于热衷的意识。设计师所要做的全部，就是在给定的条件下找出正确的轮廓。

通过探查周围的空间环境，应该存在于那里的东西就会自动进入我们的视野。在稀薄的空气中绘制出一个与周围空间没有任何联系的轮廓，就像在仰望一片没有星星的夜空，需要描绘出想象中繁星点点的形象一样。然而构成设计轮廓的参数应该都是非常实际的，并与人们平常所感知的、经历的一致，这也是为什么我们已经知道轮廓，但却很难实现它的原因。

环境决定行为（Environment determines behaviour）

这张照片展示的是一个空的纸质的牛奶盒被放在路边的栏杆上。牛奶盒方形的底部和栏杆扶手的方形形状正好匹配。是巧合么？仿佛丢弃奶盒的人在丢的那一瞬间，他的手被磁铁吸引到了这个地方一样。人们喜欢思考他们自己决定要做的每件事情。但这张照片却证明，环境（在这个例子中是指方形的栏杆扶手）也会影响我们的手和身体。

在下面这张照片里，有人把火车站楼梯扶手上的盲文板，当做烟灰缸来使用。在日本，这种盲文板通常被贴在公共场所，以方便视力有障碍的人使用；因此，使用它来熄灭香烟，其实是一种非常糟糕的、轻率的、无礼的行为。不过，从这个盲文板的形态来看，凹凸有致而且呈长方形，好像在提示这是可以临时熄灭香烟的最佳之处。

左边还有一张照片：随着发短信和手机上网的普及，在日本火车站里，经常可以看见人们一边盯着自己的手机，一边在盲道上行走。盲道的设计最初是用来提醒视力有障碍的人避免太靠近站台的边缘，但是它们现在更多地被用来协助普通人通勤。而我们脚底下曾休眠了的记忆，则成了可以辅助我们“盲走”的传感器。

人和事物之间的关系并不是稳定的。当一些新的东西出现在场景中时，它就会创建出一种全新的关系。我们的环境在不停地变化着，人们也在不停地寻找最有用的价值（功能）以适应每种新情况，可以称之为正在进行中的“行为”。即使像最简单的走路，我们的每一步都会根据地面的状况选择最合适的落脚点。我们现在所看见的、遍布全城的小径就是人们寻找有用价值的结果。

下面的照片展示了一个被当作垃圾篓的自行车篮。车篮里的垃圾会引导更多的人往里面丢垃圾，一旦这个链条开始，就会持续下去，直到把车篮装满。指望自行车的主人去做清理车篮这种脏活儿是不是一种不负责任的行为？或者是因为它和一个垃圾篓惊人地相似？非常可能。这辆自行车停放在一个没有监控的地方，敞开的车篮就在手边，路过的人很容易将垃圾顺手丢进去，这些因素导致了这种常见的行为。

在上面这张照片里，我们可以判断等待巴士的人们是如何自然而然地坐在栏杆上的。如果与巴士站完全无关，栏杆应该在中部弯曲；如果巴士站牌再向右移30厘米，弯曲也不会在这个位置了。

我们所处的环境正是以这样的方式带来了数不清的间接价值，我们可以依据情势变化不断地拾取它们，而最令人着迷的是我们几乎意识不到这些行为。人们的行为会根据环境的变化而变化，因此就有可能通过设计去改变环境，进而改变人们的行为。

适者生存（Selection pressures）

在左边的图片中，我们可以看见三个男人靠墙站着，他们之间的距离看上去是固定的，每个人都辐射出无形的力场。举个例子，中间那个人和左边第一个人，他们之间的间距会决定第三个人将站在哪里。如果第三个人站得与中间那个人近一些，毫无疑问后者就会感觉不舒服。因此，人们的行为也是由彼此相互的作用力所决定的。这些作用力不仅存在于人与人的关系中，人与物的关系中，也存在于人与建筑的关系中，一个蕴含着另一个，就像一个错综复杂而又富有弹性的网一样扩张和收缩着。

在日本，人与人之间感觉最拥挤的就是在上下班高峰时段的通勤电车上。在身体几乎被压扁的情况下，人们与电车摇晃的幅度保持一致才会保持良好的秩序；如果一个人要抵抗这种摇晃，额外产生的作用力就会单方面地施加在其他人身上，这不仅让别人感觉不舒服，也会让整个车厢失去秩序。秩序被打乱，不是因为身体被挤在一起，而是因为个体的意志增强了。树叶从来不会相互纠缠，因为大自然让万物保持着秩序。

在基因进化理论里有一个术语——“适者生存”。它是指不适合于个体的基因会被淘汰掉，或者在下一代被消除。将这个想法转借到设计的世界中来也同样适用，在众多的设计中只会有一个最适合的幸存者。我们可以说，那些好的设计是有着最高适合度的，也会承受相对比较低的选择压力，而那些被淘汰掉的设计，一定存在着会扰乱秩序的不良元素，这些不良元素也许带有设计师过多的自我意识，或者因为它们与人们的某个无意识行为产生了冲突。

Imperfect perfection
不完美的完美

当我开始厌倦为电子产品设计毫无意义的外观时，我产生了一个要为爱普生设计师举办一次打印机设计工作坊的想法。我把这个想法告诉了萨姆·赫奇（Sam Hecht），他当时和我一起在IDEO东京办公室工作。我们都想知道，如果在设计时不考虑外观，更多地围绕着打印机被使用的场所环境，以及使用它们的人的行为进行设计，会发生什么。毫无疑问，这对于公司内部，更习惯于考虑外观设计的设计师而言是一个巨大的转变。他们要从围绕着打印机的人或事物上寻找想法，是很难理解的。例如塞满了再生纸的纸板箱，凌乱的区域散落的钢笔、尺子、斯丹利小刀和切割板。

我发现，在确定正式的打印版本之前，人们通常会先打印出来，并且要对比至少两份副本，来确定并选出最好的那份，其余的就会被丢进垃圾桶。因此我意识到，垃圾桶是在打印之后紧接着就需要用到的东西，我们要将一个打印机和一个垃圾桶结合起来。由于立在垃圾桶上方的长方形盒子必然会被理解为打印机，所以它的功能组件——纸张加载槽和输出托盘，就被做成了它们原本的样子。

通过工作坊产生了大量前所未见的、迥然不同的打印机设计，而这些设计都与人们使用它们的环境和行为融合在了一起。

A shape with the operation included
包含了操作的外观

在工业设计中，创造电子产品和家居用品时，让它们保持看上去应有的样子已经成了常态，尤其体现在计算机和音、视频设备领域。在量贩店和打折店的货架上，摆满了外观相同的设备。众所周知，产品展示出独创性才能赢得市场地位。但因为人们总是紧紧地盯着货架上的其他产品，这就导致了很多同质化产品的产生。即使那样，如果那些产品与我们的生活方式相契合，倒也无可厚非，但这些“设计般”的东西已经与生活环境无关，并强烈地主张着它们自身的特征。

我从未见过围绕着人和空间的关系设计出来的音频设备和家用电器，而好的沙发、椅子或者桌子，都会被设计成适合人体外形并适应它们所处空间的样子。有个颇具讽刺性的问题，如果某样东西不具备能回应其周围事物的样子或外观，用户就不能理解这个产品是什么，这构成了所谓“产品设计”的世界。我不想为此责备任何人，我过去一直想从这种窘境里、从所谓已经降临到这个世界的咒语中挣脱出来。

一天，我一边听着从敞开盖子的CD播放器播放出来的音乐，一边看着旋转的CD。当开关打开时，CD慢慢地开始旋转，当它的旋转趋于稳定后，声音就传播开来。旋转的形象让我想起厨房里由马达所驱动的通风扇，当你拉下通风扇的线绳，叶片就开始转动；过一会儿，当叶片的旋转趋于稳定，风的声音也随之变得恒定了。

我想，如果在CD播放器里内置一个扬声器，把它挂在墙上听，感觉应该会很好。我觉得，在很多地方都可以一边忙着工作，一边聆听音乐——卫生间里、厨房里、浴室里、车库里或者在书房里。适合的外观应该是一个去除了角的方形，扬声器内置在CD的周围，这样通风扇的形象和这个方形CD播放器的形象重合了。我想知道，如果像通风扇那样，安装一个拉绳作为开关会怎么样。当拉绳被拉下，CD开始慢慢地旋转，音乐播放出来，就像气流从风扇中被吹出来一样。一开始，制造商的工程师设计了一个可以拉的开关，控制着播放器的开和关，但接触点的间隔非常短，你几乎不需要拉它就能够控制开和关。消费电子工业领域需要精准和创新，开/关机制的精准感觉是本质的需求；对设计而言，重要的是不能让这种低科技的线绳开关有笨拙的感觉。这个CD播放器的设计依赖于一连串的动作——拉下线绳开关，CD开始慢慢转动，音乐播放出来。实际上，借鉴通风扇的外观并非是这个设计的本质，设备自身的交互性才是这个设计的魅力所在。

这个设计是在第一次“无意识设计”工作坊上展示出来的，也是在那时，这款CD播放器得到了无印良品产品规划负责人、现任会长金井政明（Masaaki Kanai）的青睐，并决定将它投产。在开始开发产品不久，我们很快陷入僵局。播放器上如果同时存在电源线和线绳开关是令人无法接受的，所以为播放器的线绳开关提供一个电源线是当务之急。当我打算为这个产品的商用化做一些让步时，一个创意击中了我——“把电源线作为开关如何？”由于人们普遍认为电子产品的电源线是不能被拉动的，应该被插在墙上的插座里，所以我想制造商们可能没有办法确保拉动开关的线绳的质量。但是，无印良品却非常轻松地说他们可以做到，并在所有线绳制造商的书面保证上都声明，“线绳必须能够承受100公斤成人所产生的力量”；而金井政明认为，如果你很猛烈地拉动它，CD播放器就会从墙上掉下来摔坏，所以线绳的强度并不是问题。无印良品是世界上屈指可数的、并创造着不与人们的真实感受背道而驰的产品设计公司之一。

我的设计伙伴萨姆·赫奇买了这款CD播放器并告诉我，他找到了放置它的最完美的地方。

“所以，你觉得会是什么地方呢？”他问。

“在厨房里，通风扇所在的地方。”他说。我们都开怀大笑了。

on

Erasing physical existence

抹除实体的存在

我对抹除事物存在非常感兴趣。在思考瓷片设计时，我产生了把一块瓷片做成灯的想法。我想，与其把灯设计成一个灯具，不如首先设计灯本身。有很多本身就是房间或者空间可见特征的灯具。如果在未来，技术能够发展到让这些灯与墙成为一体，使灯隐藏在墙里，而且同时还要在空间里看到它们，它们也必须被设计得适合于那个空间，就太完美了。在这个例子中，我认为最好的设计是丝毫不要强调灯具的存在。当灯没有打开时，它就变回了一块瓷片。

off

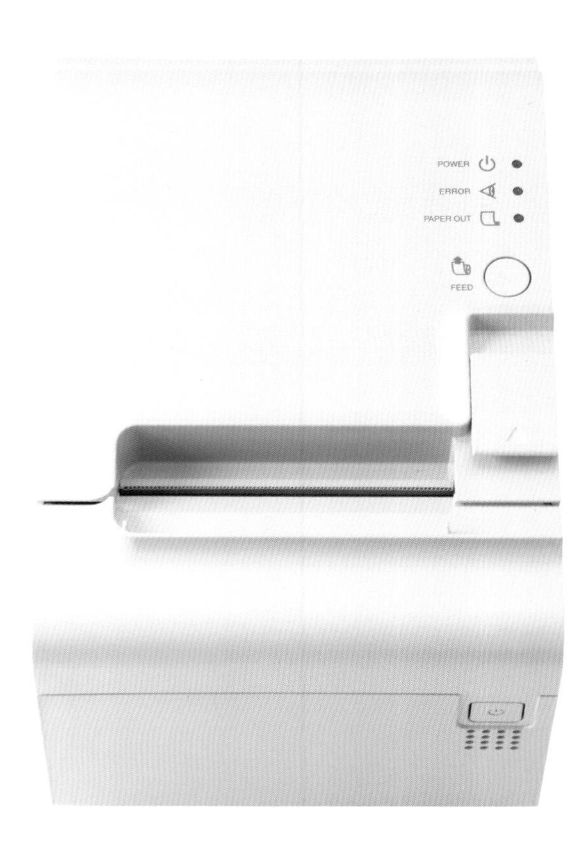
POWER
ERROR
PAPER OUT
FEED

All aspects face the user
所有面都朝向用户

收据打印机没有太多类型，它通常被放在收银台旁边，全世界都是如此。在所有收据打印机类型中，这款可能是最流行的型号之一。用设计的术语来说，这种打印机并不需要有吸引人的外观。它的美在于它可以横着或者竖着搁放在柜台上、挂在墙上、置于高大货架的底部，或者紧挨着其他东西，两者之间没有空隙。如果在咖啡店或者饭店中使用，则需要设置垫高部分，以防止飞溅的水花进入打印机的部件里。这款打印机其他部分的表面都是平的，你可以在上面贴便签，顶部也可以当作一个小的广告区或者收银机旁边的信息板。

电源和信号线可以从任何方向拉出。这款打印机没有前面或者后面，也没有里面或者外面，所有面都朝向用户。

这是我在IDEO东京办公室工作时设计的打印机。这个设计是珍·富尔顿·苏瑞（Jane Fulton Suri），萨姆·赫奇和我，我们三个人通过观察美国、欧洲和日本主要街区的使用环境，从我们的分析结果演变设计而来。珍·富尔顿·苏瑞是IDEO的个性化专家，萨姆·赫奇那时在IDEO伦敦办公室工作。

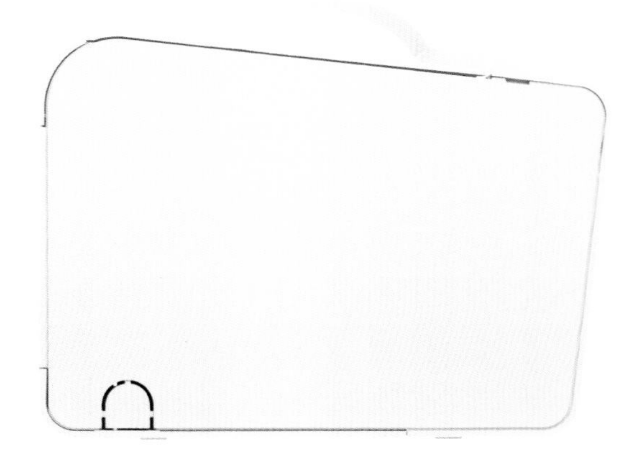

Eliminating the frame
消除边框

我大学毕业，成为精工爱普生公司的设计师之后加入的第一个团队就是数字手表设计团队。我设计过许多数字手表，还把数字手表的技术应用到秒表、测量仪、袖珍打印机、电视和游戏机之中。这些电子设备都使用了液晶显示（LCD）面板。从那时起，一直到设计这个LED手表的20年里，只要是设计紧凑型的电子设备，我都会思考边框是否可以消除掉。我相信最重要的是显示的内容，而不是它周围的边框。正是因为需要显示边框的缘故，电子设备才看起来只能像一个电子设备而不能像其他东西。LCD技术逐渐发展起来，成像设备也越来越清晰，越来越小，环绕着它的边框也越来越小。LED技术由于其多彩逼真的发光能力也发展了起来。在早期数字手表和计算器中使用的7段LED显示器,已经在紧凑型的电子设备里广为使用了。

一天，一些排列在秋叶原电子零件商店中的17 x 25 x 7 毫米的塑料 LED模块引起了我的注意，我觉得它们很美。7段式的透明塑料数字和电线被放置在这些模块中，它们里面并没有布线，它们是无边框的；所有东西都被整合在一起，就像一块困住了一只昆虫的琥珀。当其中一个涂成白色时，它就变成了一个简洁的白色立方体。你看不到复杂的内部运行，只有它透明的时候才可以看到，通上电流就可以点亮数字。正如我所想象的，红色数字出现在空白的白色表面上，那不正是一个无边框显示屏吗？因为已经存在可以显示红色字符的黑色显示屏，所以这个发现并不令人吃惊，但是能够在白色的表面上显示字符就非常神奇了。我把这个白色的立方体本身时尚化成了一块手表。我意识到时间并不需要一直被显示，当你想知道几点时，你可以触碰手表，然后才显示出数字；平时，它只是一个空白的方块。

让电子设备看上去像显示屏边框本身是很关键的一点。设计师们绞尽脑汁地在诸如按钮和外壳之间的空隙、厚度和电池大小等问题上寻找可以摆脱这种限制的办法。技术将会继续发展，从通过组合各个部件来创造产品，进而演化到部件由分子细胞组成并形成具有多种功能的单个物体。

设计一款没有边框也没有边界的立体方块，是我一直以来的愿望。电子设备可以变得时尚起来，我在第三届名为“e-fashion”的“无意识设计” 展览上发布了这款手表。

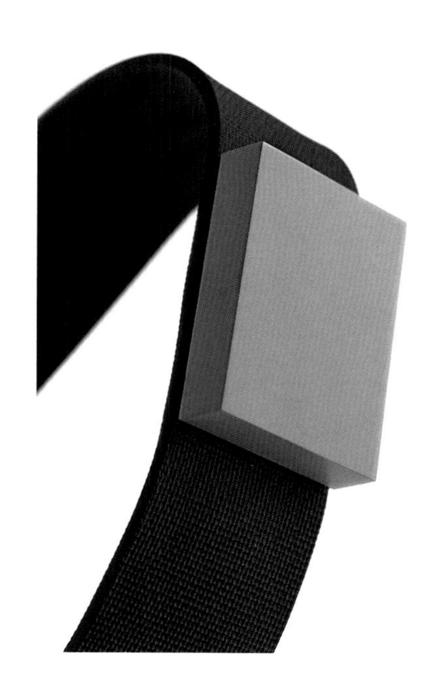

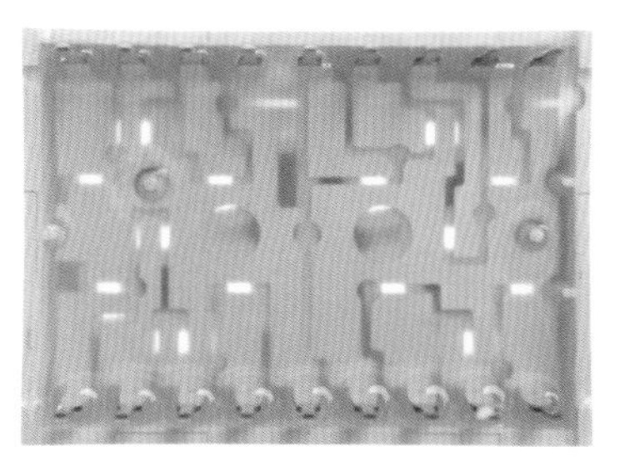

A sky the same size as a desk

桌子般大小的“天空”

保拉·安特那利（Paola Antonelli），纽约现代艺术博物馆策展人。她联系我，并问我是否可以做一名委托设计师，为2001年在画廊举办的“Workspheres”展览设计一些什么。展览的主题是“工作环境”，项目的缘起是从不同的角度分析，随着手机和网络普及，工作方式和办公室的概念将会发生怎样重大的转变。她安排给我的主题是“在企业形象中保持个性”。

在办公室里，桌子大小的区域即是自己的小窝，那块区域体现了个性。文件都存储在联网的电脑中，人们也能够在任何需要的时间、地点打电话，不再需要一个固定的地方来处理事情。而个人空间所映射出的一个人的个性和隐私的氛围也在减弱。挑战在于要找到一种方式，在人们周围的物品和空间分隔都被拿走之后，仍然能够表达个性和隐私。

我把一个人的办公桌看作这个人工作领地的形象隐喻。因此，我想是否可以在桌子的上方打造一片同样大小的“天空”，每个“天空”之下的空间就是隐私的，而且我相信在水平桌面和水平“天空”之间有不可见的垂面，这样会构建出一个隐私的空间。

我觉得人们可以根据当时的感受，来雕刻或截取世界各地的天空。当想象着不同的“天空”可以分布在办公室的各个地方时，我变得非常兴奋。世界上只有一片天空，但是因为我相信它可以成为某种个人的抽象概念，依赖于人们抬头仰望它时的感受，所以，我给它取名“个性化天空”。人们可以使用电脑从世界上任何地方截取他们自己的“天空”，比如一块儿夏威夷冬日里多云的天空。在现代艺术博物馆的展览上，当时是使用电话作为召唤天空的装置的，因为我想让一个人的天空通过被召唤后出现在头顶上，哪怕它和你所在地方的天空一模一样。与创造出各种天空影像作为不同类型的灯相比，我觉得有着独特的、个性化的天空会更好——这是此时此地的天空，也是独一无二的天空。这非常地美妙，因为其意义依赖于使用天空的人，而不是作为物理天空自身的价值。在古代，天窗有一种作为光线捕捉者的灯具角色，它也是这个理念的一部分。这也是为什么在还没有打电话时，我使用了一种模拟日光灯来制造影像。

天空的影像是由天花板上的投影机投射到悬挂在用户头上桌子般大小的薄板上形成的。我想，如果使用无边框玻璃的薄板会很时尚，如果影像也能精确匹配薄板，那么它就会像一个薄薄飘浮在空中的“天空”。我花费了很多精力去寻找悬挂无边框玻璃的方法，但都没有成功。在做展览的时候，“天空”是一个桌子形状的长方形；如果你在一个咖啡馆打电话，使用与咖啡桌形状一样的圆形“天空”会很好。

Design of a presence
在场的设计

结合“个性化天空”的设计，我还基于“在企业形象中保持个性”主题设计了一把“灵魂留在了背后的椅子”。“个性化天空”试图在不使用隔断的情况下将一个区域变成个人空间，而这把椅子则是为了表达使用者自身的在场感，哪怕使用它的人并不在那里。一张桌子标志着一个人的领地，而椅子则代表了一个人的地位或者个性。一件挂在办公椅椅背上的夹克，或者人们站起身时椅背的样子，都感觉像从他们身上脱落的壳。我想，也许已经离开办公室的人所留下来的在场感，可以被看作是他的个性。这个理念类似于一种感觉，即我们可以通过一双已经脱下、磨得很旧的鞋子想象一个人的样子。我思考着创建一个装置来呈现这种“看不见的在场”的可能性。

我有一个想法，就是把人的背影投射在椅子背后。因此我想到一个设备，把一个小的摄像机固定在椅背前面，把人的背影图像投射到嵌在椅背表面的LCD面板上。当人坐在椅子上时，他的背影就会呈现在椅背上。背影的图像变化，与身体略微不同步，就像人的灵魂被可视化了。当人站起来时，灵魂也会在一个较短的延迟之后从屏幕上消失，就好像它是跟随着人的肉体一样；也可以让背影在人走之后还停留在屏幕上，这样看上去就像一个挂在椅背上的夹克。18英寸的LCD被嵌在椅子里，和电脑显示器一样，椅子的框架就像屏幕的框架。不同的框架导致可视的世界被改变了。重新播放人们坐下时被捕捉到的影像，就会在视觉上产生一种错觉，好像有一个看不见的人坐在那里；当适合框架的实体影像被显示在框架中时，你就会产生一种好奇感，就像在你不知不觉起身的时候心被击中一样，或者产生一种物体经常就在那儿的在场感。我想设计这种在场感。

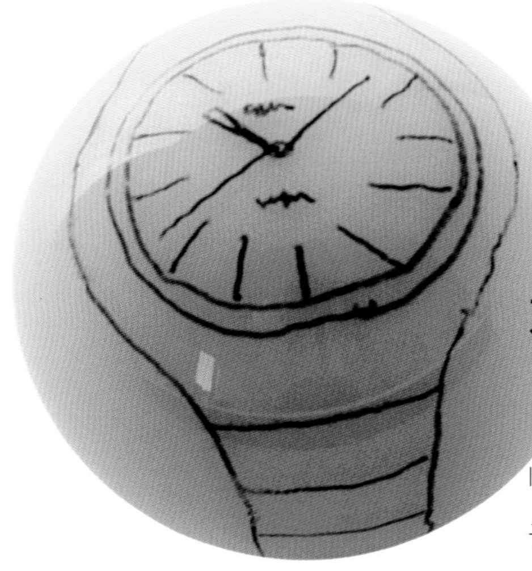

Unbalance: a sign of living

不平衡：存在的迹象

1980年从大学毕业之后，我就开始在日本精工公司工作，在设计师丽达（Kaoru Iida）的指导下为手表制造商工作。在8年时间里，我被委托设计了大量的手表和小的电子设备。我在那时所获得的经验到现在都可以派上用场。之后，我就去美国的IDEO工作了，期间只设计了一款手表。就是这款AVOCET，一个有着测高仪，用于滑雪和登山的数字手表。

1997年，在我回到日本的第二年，我被丽达邀请去设计另一款名为Kinetic Auto Replay的手表。当人们取下手表，静置72小时后，它的动力节省功能就会自动激活，指针会停止转动。在动力节省模式下，内部电路会继续计时；当手表被有意或者无意地晃动时，指针就会立刻被调整指向当前的时间。这很像电脑的休眠功能，所有的指针都能够立刻从它们停下的位置指向当前的位置。在过去的手表概念里，只有两种状态——指针运动表示时间流逝，指针停下来就表示时间静止。从运动到静止的状态再到指针被重新激活后的快速运动，都有令人惊喜的元素。

丽达的设计要求令我感觉很痛苦：设计需要通过外观把产品有效的功能清晰地呈现给消费者。就像电脑的外观不能被其功能所改变，手表就是手表，无论它是否有显示时间的功能。我相信这个功能可以被应用在任何类型的手表上，比如运动手表或者珠宝手表。根据手表是机械的还是石英的来改变它的外观是毫无意义的。我相信，一个优秀的设计应该明确地传达出手表显示时间的功能。如果这个设计能为自己代言，就意味着这个功能获得了识别度。我想创造这样的手表，通过设计使它的功能成为其标志。

采用一种不平衡的外观似乎是一个好想法，因为这个手表的特点是会突然切换到当前时间，并开始稳定地转动。我决定使用一个球体作为包装或者盒子来盛放这块手表。当不使用它时，手表的外观被设计成球体的一部分，就像一个球状的拼图，把手表放入按照它的形状雕刻的位置时，就会形成一个完整的球体。

我让手表凹陷的表镜与大拇指的形状匹配。指针会转动着给手表充电，当你用大拇指按着凹陷处晃动它时，指针的震动感就会传给你的大拇指；我在手表的表盘，增加了类似塑质CD盒中间那样的窄切口作为12个简洁的字符指针，这是因为按下大拇指的运动是和外观同步进行的。

SEIKO

Discontinuity in behaviour
行为中的不连续

左手拿着碗，右手拿着饭勺，用右手打开电饭煲的盖子；你把米饭盛入碗里，然后用拿着饭勺的右手关上电饭煲的盖子。这就是手经常在此停顿的地方。这个点，是一个连续行为过程停止的点。现在没有地方适合放下饭勺，因为它上面已经沾上了米粒。日本人不习惯把暂时不用的用具放在桌上。筷子和其他烹饪用具都会被正确地放置在正确的位置，以确保与食物接触的部分不会触碰任何东西，保持干净，这是一种礼貌行为的标志。但是现在没有地方可以放饭勺。你会想把黏糊糊的饭勺放在电饭煲的顶上，因为这是看起来最适合放它的地方。市场上大部分电饭煲都没有平坦的盖子，它们的盖子要么是隆起来的，要么被设置了控制面板。

为此，我做了一个扁平的盖子，并且增加了一个放饭勺的搁挡，它可以让饭勺的头部免于直接接触到盖子顶部。我决定使用椭圆形的电饭煲盖子，以便饭勺可以被恰当地放在盖子上。

这些每个人都能识别出的应力点，通常是能够决定设计想法的重要元素。如果行为中的不连续导致的小问题都得到了解决，那一切都会运行地顺畅自然。

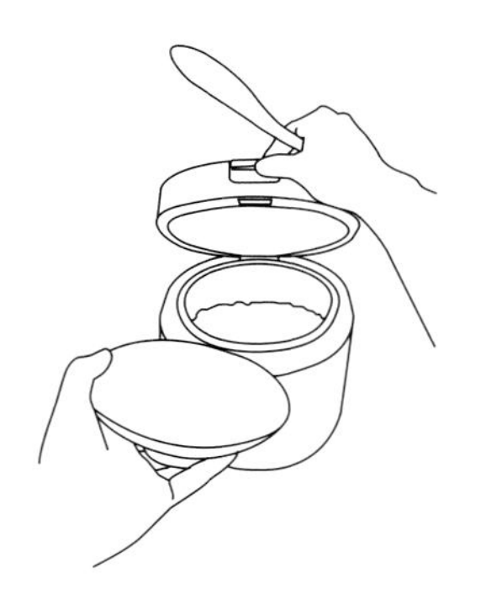

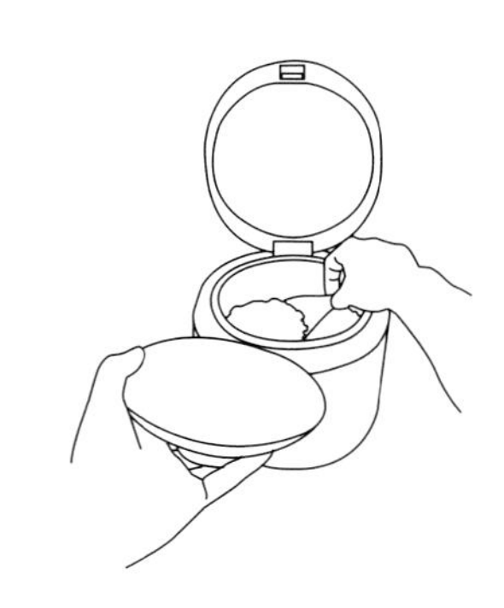

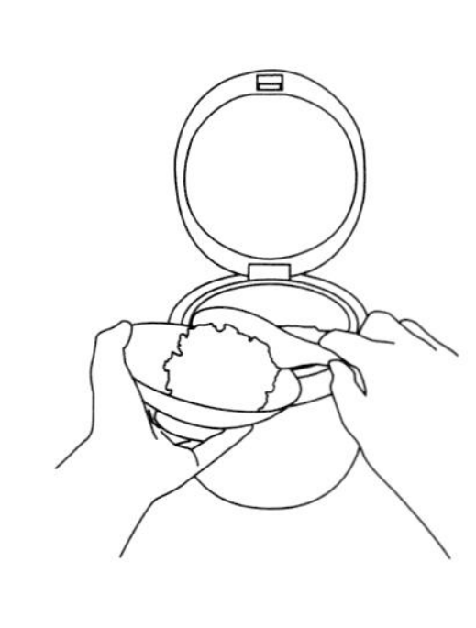

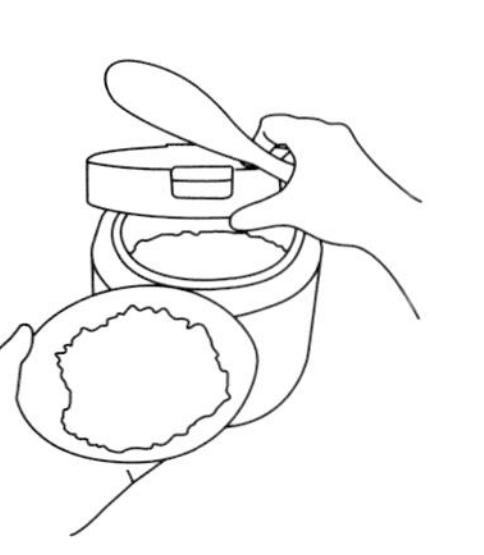

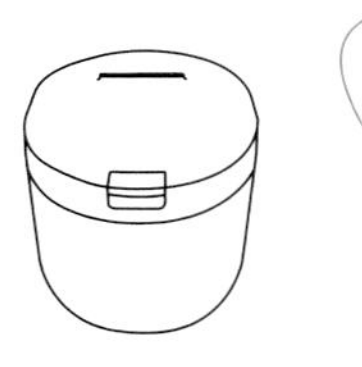

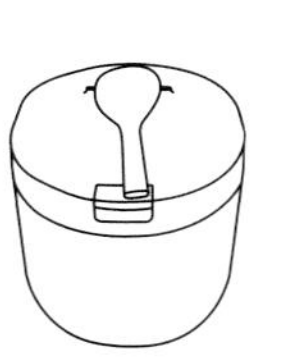

Noticing the Unnoticeable
察觉到不可察觉的

JASPER MORRISON
贾斯珀·莫里森

我第一次遇见深泽直人时，只知道他设计过一款打印机，一款用废纸篓作为基座的打印机。我是在1999年的设计年鉴里看见他的那款集外观与功能为一体的打印机，那是我见所未见，闻所未闻的一款打印机。我在东京的AXIS大楼中布置展览时发现，挨着展览空间的工作室正是IDEO日本办公室，深泽直人就在那里工作。我对他很好奇，之后我们见了面，这让我很高兴。

从那之后，我便开始了解他和他的作品，我的好奇心从未减弱过。每次见他，他都会给我看有新意令人意想不到的东西。深泽直人也赞成我的观点，即设计师的角色是让想法浮出水面，同时还要避免过于刻意的表现形式。这需要一个活跃的头脑，能够在形式和功能之间、情境和解决方案之间、问题和问题的匮乏之间建立任意的连接。我之所以提到“问题的匮乏”，是因为在深泽直人的设计中，似乎暗含着一种问题实际并不存在的轻松感。尽管按照马塞尔·杜尚（Marcel Duchamp）所说的，并不存在不基于问题的解决方案。但是，实现一个能够满足所有需求的设计，是个极难解决的问题，那是一项伟大的艺术。

贾斯珀·莫里森（Jaspe Morrison）与深泽直人一起在日本办公室，策划“超常规”展览。2006年3月

深泽直人总是认真地解释他的想法源自哪里，就好像讲述这些故事是使人们理解他设计的一部分。他的灵感来源丰富而多样，通常都是日常所见所闻的东西，比如剥了皮的土豆，马路上为了便于司机识别而被拉长的路标；有时候那些灵感来得非常直接，比如把装香蕉味饮料的包装盒设计得跟香蕉皮一个样子。如果在错误的人手上，这些可能就会立刻变成落空的噱头，仿佛告诉他们的时机被选择错了。在这个例子中，深泽直人则在更深层的人类感性之上开展设计，诉诸我们所拥有的智慧，并基于许多经验——包括努力解决问题，利用我们所掌握的工具制作东西，从我们外部的日常环境中获得体验，复用不知名系统中已经见效的符号。他的设计体现出的人文素养就是摆弄这些符号，在难以忍受它们的地方推翻它们，以模仿和略微幽默的方式利用它们。

正如你所期望的，这些设计也有严肃的一面。你必须要知道事物是如何工作的，以及我们如何与它们一起工作的方式。好的设计总是可以自然而然地解释自己，不需要操作手册，也不需要标明“那是做什么的”之类的话。

贾斯珀·莫里森与深泽直人在AXIS Gallery为“超常规”展览做准备工作。
2006年6月，日本

当使用运转良好的产品时，我们都会心生满意，它可以帮助我们摆脱复杂。如何使用事物的直觉化知识应该暗含在设计之中，虽然通常要借助外观，或者可以借助记忆和其他外表或行为相似之物的经验，不过结果往往也会有所不同。比如深泽直人的CD播放器，能够立刻暗示它应该安装在哪里，并且不久我们就会理解它装在那里的优点了。碗里有铁粉的灯，让我们可以把它转向任何角度，它告诉我们同一个设备可以有如此多样的用途，我们能否记住那个特别的用途已变得不再重要。重要的是，我们都识别出了原则，并且欣赏它的新用途。印章上的凹痕、电饭煲盖上的饭勺、CD播放器上悬垂下来的线绳、被切去尖角的热水饮水机和电视显像管一样案桌上电视的外壳形状，这些都是我们需要常常解码的符号，以理解一个新的情境应该如何处理。使用这些符号是解释物品的一种捷径，同时也唤醒了我们的愉悦感，通过这种方式沟通的愉悦感令我们自己都无法用语言形容。

我和深泽直人在叫做“超常规”（Super Normal）（这个想法来自深泽直人为一个意大利品牌Magis设计的Déjà-vu凳子）的展览中合作，我们一起选择展览的陈列品。开始，我有一个清晰的超常规物品的概念：不需要任何吸引人的形式，却能创建一种积极影响的氛围的物品；而深泽直人则介绍了另一种理解，那些物品之所以超常规，因为他们生来就无比常规。也就是说，它们其实是我们习以为常的物品，以至于我们看见或者使用它们的时候都无需思考。“超常规”应该是那些代表了在日常生活中经过反复检验而被人们完全接受了的设计。这是深泽直人的特点，他的思考超越了现存的定义，并且能够察觉到不可察觉的。

我有一个强烈的感觉，深泽直人超越了某种障碍，他在一个我们其他人都不可能到达的世界中思考。在他世界中的物品并不像在我们世界中的，它们有一个更高的层次，一种使得自身更自然却又不那么严肃的自信。我们可以嘲笑这些物品，它们会回之以嘲笑。

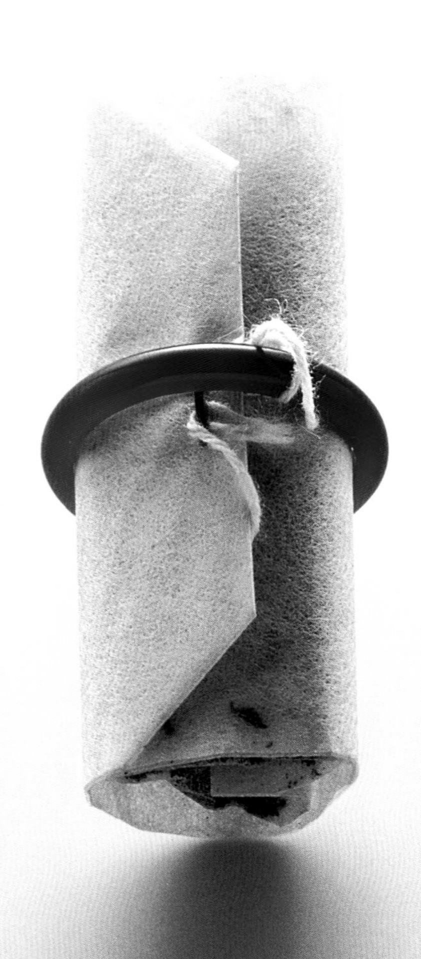

Centre of awareness

意识的中心

我受邀为名为“再设计”的展览设计一个茶包。这个展览是由平面设计师原研哉负责规划并指导，由纸制品公司Takeo负责举办。展览的目的是再次设计那些我们已经熟悉的日常事物。我不会先设想一种材料再进行设计，如果我努力要达成的设计需要新材料，我也不会拒绝使用；有时候我也会考虑新技术。我选择技术和材料都是为了达到目的，但我从来不会把新材料和新技术作为我的设计之源。

再设计人们都已经很熟悉的茶包并不容易。我下意识地相信，在每个人沏茶到喝茶的过程中，存在一个意识的中心。茶色正好，可以饮用，就是意识的中心，也是我们整个交互感觉的根本所在。无论你是在和人交谈还是自己在做白日梦，让你瞬间从“沏”到“喝”转变的是茶叶的红褐色。我在线绳的末端系上了一个半透明的指环，它的颜色是红褐色，足够浓的茶色。其实并不需要等茶的颜色渐变成指环的颜色之后才可以喝，也不需要知道指环的含义是什么。但是如果这个颜色代表了一种味道，而且是沏茶人谨慎表达他们对茶钟爱的方式，这就会是一件美妙的事情。

与其领略指环的功能，不如把它从线绳上拆下，将它送给和你一起喝茶的人。

Matching things with different actions
为事物匹配不同的行为

我觉得在热水里上下、前后移动一个茶包，就像在移动一个木偶。当线绳被左右拖拽，热水里微微摇晃的茶包会比手移动得慢一些，摇晃的幅度也会小一些。因此茶包被设计成了一个木偶的形状。当茶包放在热水里，装了一半茶叶的茶包会膨胀变大，一个胖胖的木偶形状就显现了出来。

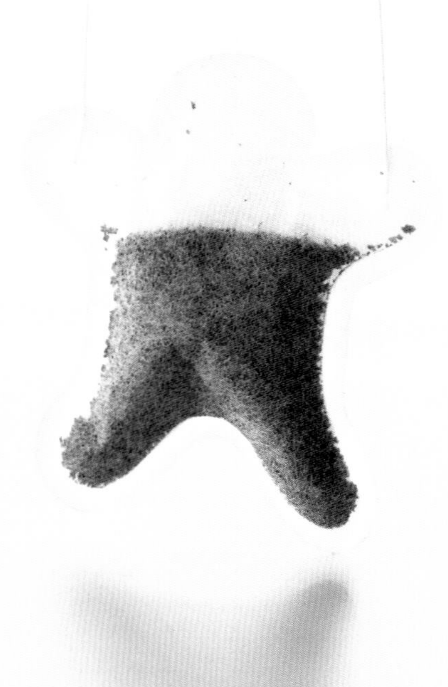

MARIONETTE 'RE-DESIGN', TAKEO PAPER SHOW 2000
木偶

Discarded colour
被忽略的颜色

一个用过的茶包晾干之后就会变成浅棕色。茶包本身并不吸引人，但是我觉得浅棕色是吸引人的，把茶包的包装染成茶棕色应该是个好主意。包装盒里的茶包会与它们的香味和颜色相互映衬。在这个令人欣喜的想法里我发现了内在完美的和谐。在包装上我使用了较深一点的同系棕色作为品牌名颜色。

au by KDDI
アプリ
on
clear
マナー
off
power
1 あ .@
2 か ABC
3 さ DEF
4 た GHI
5 な JKL
6 は MNO
7 ま PQRS
8 や TUV
9 ら WXYZ
*
0 わをん、。
#

au by KDDI
アプリ
on
clear
マナー
off
power
1 あ .@
2 か ABC
3 さ DEF
4 た GHI
5 な JKL
6 は MNO
7 ま PQRS
8 や TUV
9 ら WXYZ
*
0 わをん、。
#

A shape that feels good to touch

触摸起来感觉很好的外形

我是在2000年设计的这款手机。那一年，手机市场急剧增长，因为人人都需要一部手机。制造商、通信公司和消费者都认为，在一种设计风格的手机流行多年出现产能过剩之后，新的风格将会是翻盖式的，这是毫无疑问的。因此，一个新产品所特有的现象产生了：在商店里，相同形状且颜色各异的手机被摆在了货架上。

砂原聪（Satoshi Sunahara），负责通信公司KDDI的规划，他对这种趋势表示质疑。我们两个人都认为现在判断这种现象是否符合用户的品味还为时尚早。我们决定创作一款吸引眼球、极具外观吸引力的手机，这款手机与其他手机都不同。我们相信，当人们被问起："你想要哪种手机？"——"翻盖的"，这种回答将会被"我认为这款手机很好，并且我觉得每个人都使用翻盖手机会很奇怪"所取代。于是INFOBAR手机诞生了。

一直以来，电话功能仅仅是这个便携式信息设备的功能之一。后来，电子邮件、上网、音乐下载和数字视频功能也被陆续添加进来，因此INFOBAR有了一个被认为最适合它的名字——一个信息栏，而不只是一个简单的"电话"。我们的预测应验了，产品大卖；KDDI的手机部门在新用户的市场份额从第二名上升到了第一名。同时，影响市场发生巨大转变的设计力量也成了热点话题。

大号的、片状的按键是高度功能化的，并被涂上了不同的颜色，就像拼图一样。INFOBAR手机满足了用户的需求，并且成为一个可以很容易派生出大量设计的平台。

很长一段时间以来，人们一直把腕表穿戴在身上，这是一个普遍被接受的观点；各种各样不同的电子功能曾被添加到手表上，但是很快又被撤下来。被称为“手机”的电子便携信息设备也成了人们总是携带的东西，这本身并没有错。我们很难预测这种设备的外观在未来会是怎样。不过，不止我一个人感觉到这种设计将会成为经典之一。毕竟，它具有那种触摸起来感觉很舒适的形状。

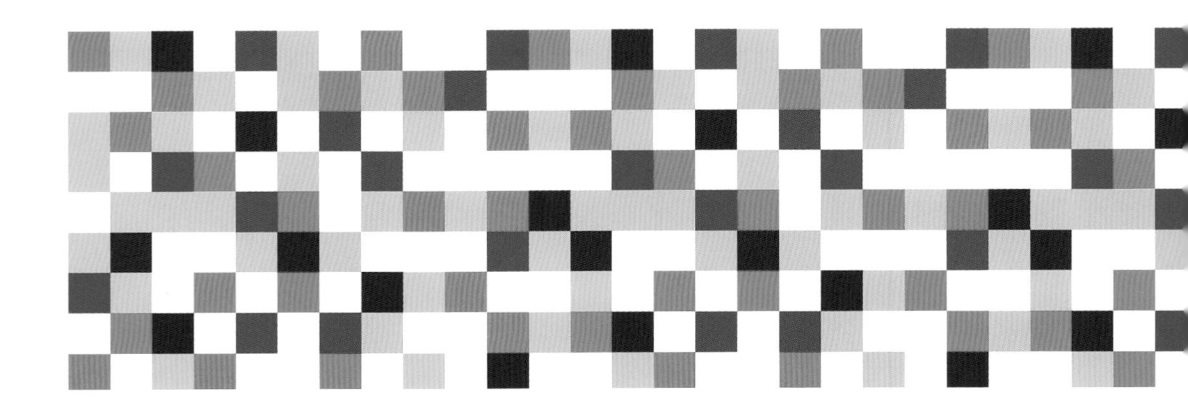

INFOBAR KDDI
INFOBAR 手机

A comfortable form

舒适的形式

小时候，我在河边和海边收集了一些石头。有时我发现因为一直低头寻找石头，会走到距离起点非常远的地方。现在想起来，我觉得自己是被令人舒适的形状、令人舒适的圆所吸引了。在不计其数的石头中，我总爱收集那些有着合适大小、略微拉长、惹人喜爱的光滑石头。

当手机出现之后，设计师们研究了各式各样的形状以寻找到终极的设计形式。我就是在这时候设计了Ishicoro手机。手机仅次于手表，是会被人们带在身上的一款便携电子设备。在讨论可行性设计方案时，通常需要考虑的事情是手机与耳朵接触时的感觉，易接触的按键感觉、按键布局以及屏幕上的交互式设计。但我认为，这样的物品会被会议中的人一直放在口袋里，也可能会被无意识地触碰，这些都应该包含在可行性设计清单中。就像石头被捡起来并放在手里把玩的感觉一样，手机和手之间也有这种联系。无意识地摆弄这种非几何形状，感受这些扭曲又光滑的小东西很有吸引力；放在手上无意识地把玩，在它的表面上摩擦也是一种交互的功能。

此外，在该手机的交互功能设计中，还有一些比较有意思的地方。比如，当接到一个电话，或者收到一封邮件时，一个与LCD面板一样大的矩形灯就会亮起。因为屏幕是沟通的窗口，和窗口一样大小的矩形灯可以作为邮件到达的指示，这比一个闪烁的小LED灯更容易理解。一些铃声，比如虫鸣鸟叫的声音，也被添加了进来。灯的闪烁和铃声是同步的。

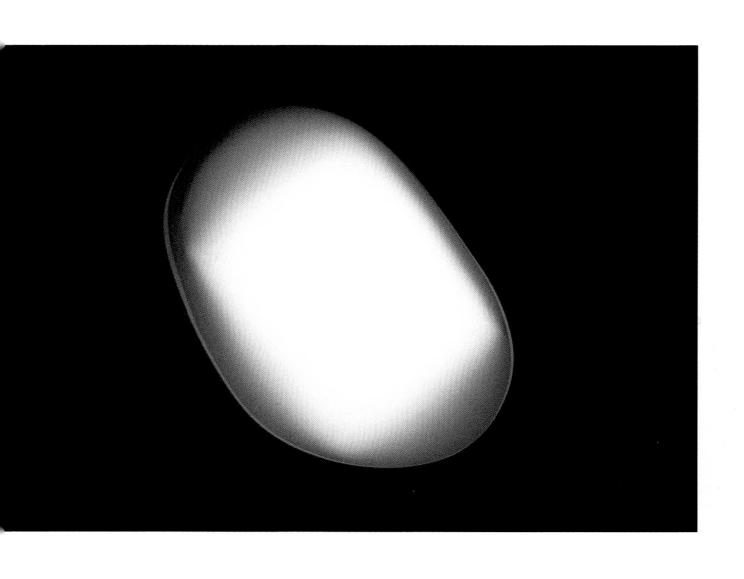

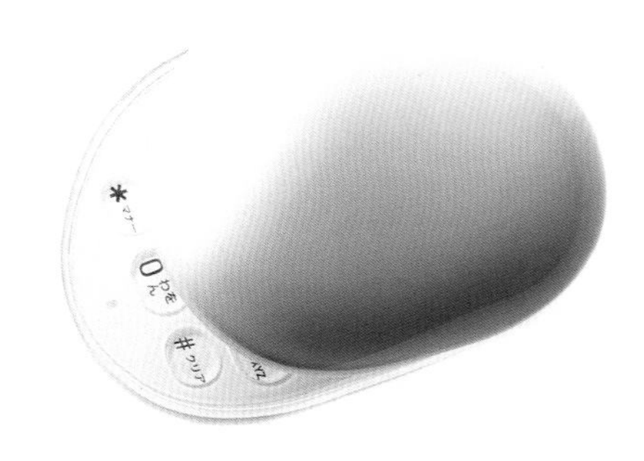

ISHICORO KDDI
ISHICORO手机

A machine’s countenance

机器的容貌

当我开始做这个项目的时候，电脑屏幕和电子设备上的显示面板都被认为是交互设计。而我相信，整个设备或者物品就是一个物理的交互设计。把软件和硬件放在一起设计，才能产生一个直觉化的界面。

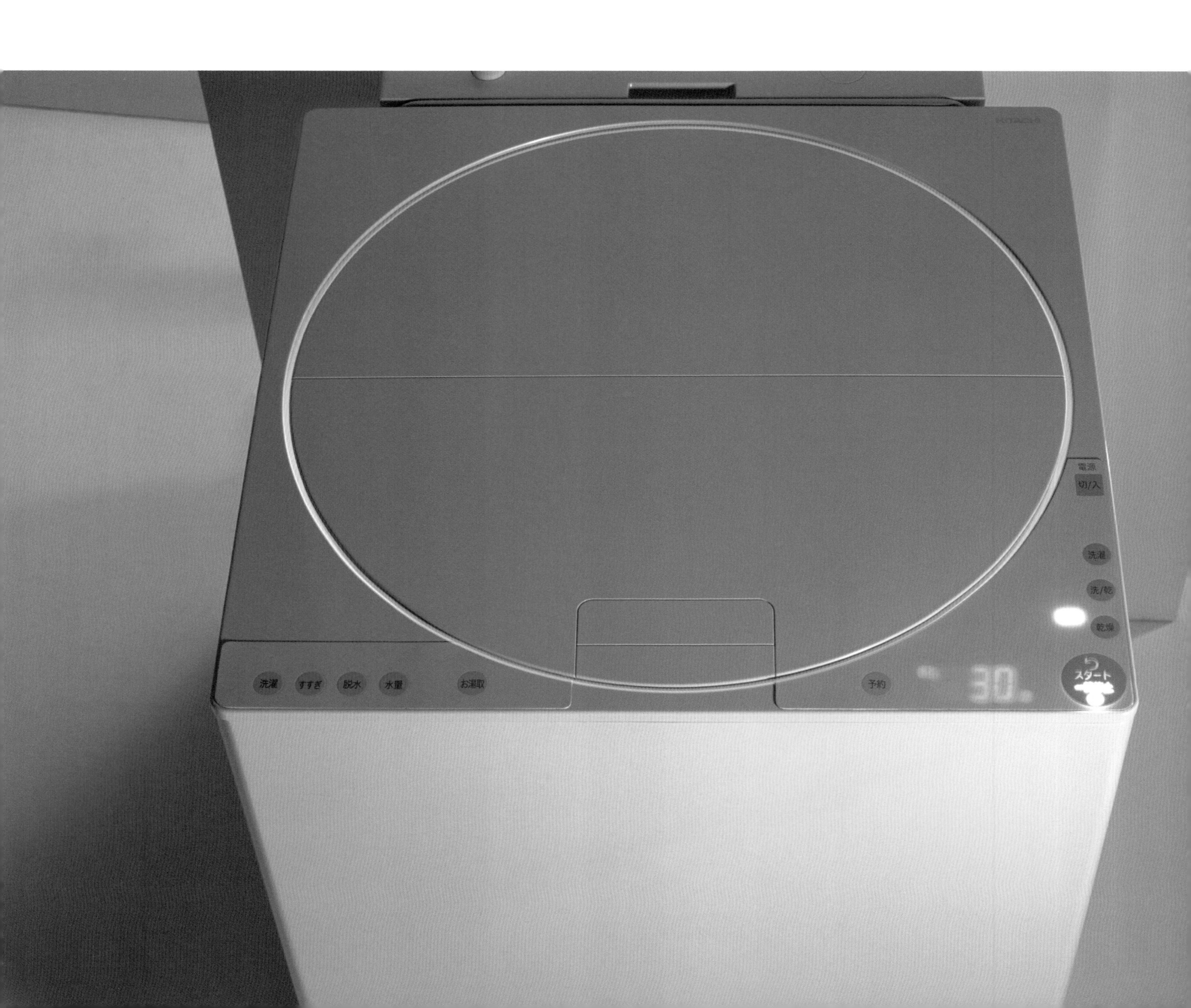

我不理解为什么长期以来设计师们都不把洗衣机顶部设计成平坦的。很显然，在洗衣服和从事其相关的工作时，没有平坦的表面，会导致诸多不便，这就是我为什么要设计平坦顶部的原因。一个方形的，中间刻着圆形的盖子，才应该是洗衣机的形状。

这是一台洗衣烘干一体机。原来是用一个小LED灯显示它当前正在运行的状态，但是必须要通过学习才可以操控它。我决定在圆形盖子和方形机体之间设计一个环灯。在洗衣模式下，显示蓝色的圆环；在烘干模式下，显示红色的圆环。通过把环灯插入盖子周围的空间，洗衣机的工作状态就清晰可知了。你可以在远处就能识别此时洗衣机的状态。甚至当你在下雨天想洗衣服的时候，脑海中就会浮现出红色的圆环。

HITACHI

我设计了一个吸尘器的界面，当它在吸尘的时候，这个界面能够从纯白色逐渐变成红色。就好像有一个人在吃东西，吃啊吃啊直到吃饱了一样。与此同时，一个小的LED灯，从点的显示变成了面的显示。我认为，交互设计就是设计来自物的整体表达。

There seems to be a link but isn't

似乎有一个连接，但其实并没有

精工的设计师们每年都会进行“精工力量设计”工作坊，这款手表就是在工作坊中设计出来的，是我和设计师松江幸子（Sachiko Matsue）共同的作品。

把手表举起来，和车站的钟表摆在一起拍一张照片。当来自我们周围日常情景中的东西，就像车站的钟表，突然变成个人的了，人们就会有一种难以言表的感觉。我相信在这个连接之间，在公共和私人以及时尚之间有某一种联系。一个明显的例子是印着产品品牌logo的T恤，它与时尚并没有联系；从某种意义上，把我们日常熟识之物的共有形象转变为某个私人物品的主题，本身就表明了这种“共有”是有价值的。对这块表而言，车站钟表的主题是最显眼的，每个人都会经常看见，而它的影响则是在这种强烈而罕见的对比中产生，即它是丑陋的、缺乏设计的，而手表却是个性鲜明的。

A design that isn't like it is

不像它的设计

原田孝之（Takayuki Harada）因为对设计独具慧眼而为众人所知，他把意大利品牌Haller、Vitra和Cappellini引入到日本。有一天，他邀请我来设计一把按摩椅，但是我对设计按摩椅完全没有兴趣，所以并没有回话。这丝毫没有让他气馁，他开始对我讲述他对设计的想法。当你坐在一个单座的、笨重而丑陋的、还常常占据在电视之前位置的椅子上时，他却认为，实际上这把椅子是非常舒适的，人们对其功能的使用也很有期待。按摩椅的市场在快速地扩张。那时，这些椅子都是给个人用户使用的，但是它们也可以放在办公室、酒店或者美发店里；如果它们被放置在机场、银行和证券公司里，消费者们就可以在等候的过程中稍事休息一下。按摩椅并不需要具有"真实物品"的所有功能，如果我们能设计出一把超薄的单功能的椅子，他认为会销售得很好。

我对他说的很满意，并且认为这也许是对的，因此我接下了这个项目。我试图改变一种现象，即人们明明认为按摩椅的确是舒适的，但却不会购买。我的第一个想法是设计一个中间带有机关的大座位，靠背薄一些，抛弃俗气的按摩头罩子，让座位和靠背都变薄，机关则安装在靠背后面突出的一个盒子里，这里我放弃了把它隐藏在座位里面的想法。使用一种有弹性的面料作为坐垫和靠背的罩子，按摩头从表面突出来一些。按摩小腿的功能没有添加进来，取而代之的是一个和椅子配对的脚凳。我觉得，相比机器按摩，如果有个人坐在脚凳上为你按摩，那样的感觉会更好；如果有一只猫或者狗在脚凳下面睡觉，那样也会抚慰人心。当然，也可以在上面放一台笔记本电脑。

最后的结果是，按摩椅不再像一个按摩椅了。我感到重新设计那些其他设计师并不想碰的东西，并不是很糟糕。

日本社会日趋老龄化，因此一些产业，比如护理设备、急救器材和健康器材都在繁荣发展。使我倍受打击的是，所有这些产业的产品看上去都像给老年人使用的样子。如果人们使用这些器材，就足以让他们感到自己越来越老。而我所希望看到的通用设计，应该是能够在我们周围所见到的所有事物之中广为使用并让人接受的。

Showing phenomena
呈现现象

为了消除香烟的烟雾、房屋中的灰尘以及会引起过敏的东西，比如花粉和蜱，空气净化器成了现代生活的必需品。它是一个简单的产品，从前面吸入不清洁空气，经过过滤和净化，再从顶部排出。

在通常被安装到墙里的空气导管上，一个像百叶窗一样的盖子被附在空气入口前面。百叶窗表明了它的后面有一个导管，不清洁的空气在长长的通道尽头疏散。百叶窗形状的空气净化器也产生了一个视觉化的印象，即这个长长的导管被压缩成一个过滤器。因为它被整合在墙里，也会在房间的角落产生神奇的功能。百叶窗的形状传达了这是一个空气通道的概念，我相信应该只有不清洁的、眼睛可见的空气，比如香烟的烟雾会被吸过去，这一点儿也不令人惊讶。如果烟雾被吸入并消失了，你会认为空气就在你面前被净化了。如果净化器入口的样子是你从未见过的，这种神奇的效果就会大打折扣了。

空气净化器的遥控器与香烟盒大小一样，上面的按钮也和香烟的圆形截面一般大。

Can't we erase the shape first？

我们不能先抹除外形吗?

在无印良品设计家用适切大小的碎纸机时，我提议，与其设计一个普通的碎纸机，不如设计一款可以直接放在无印良品正在销售的垃圾桶盖下面的物品。

在无印良品做设计的时候，我首先考虑的就是要不要把物品的外形给抹除掉。

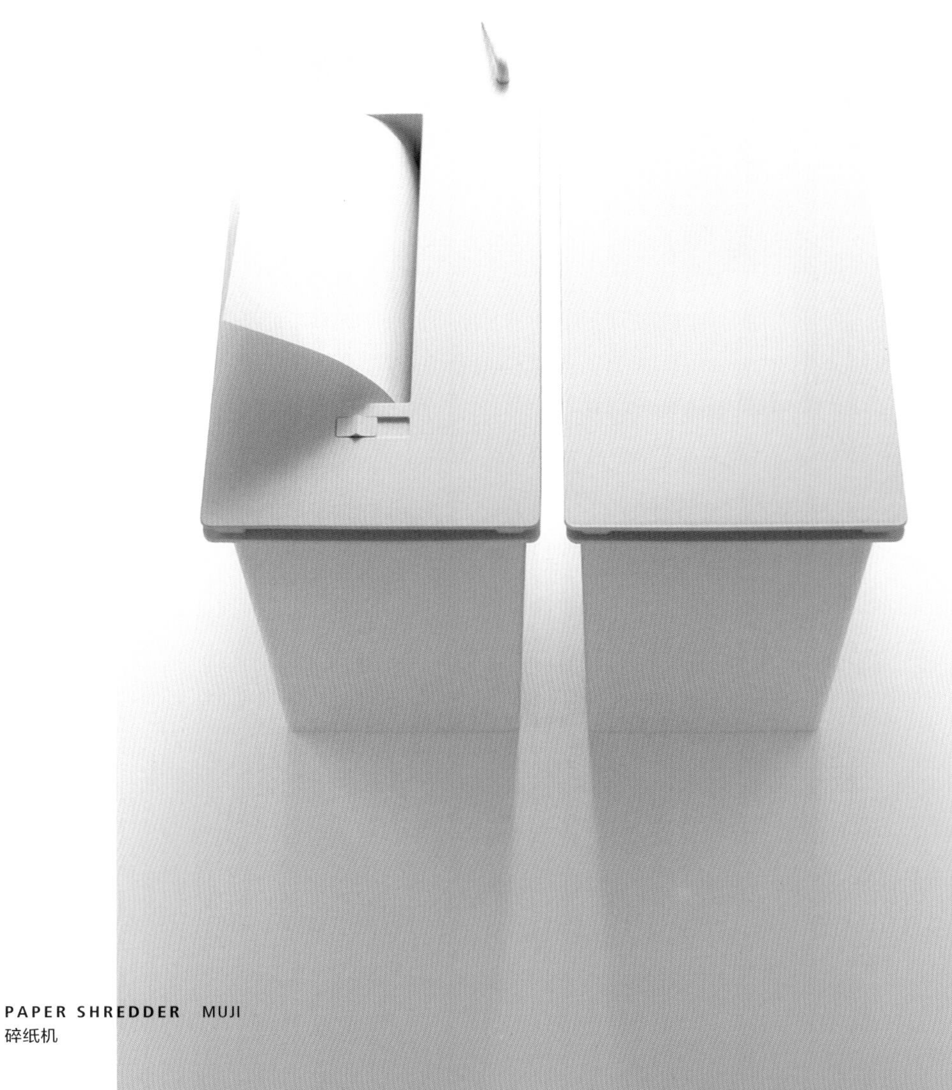

Affordance and Design
可供性与设计

来自意识核心的产品设计

MASATO SASAKI
佐佐木正人

从某些方面来讲，使用“可供性”[1]这样的概念评判深泽直人的设计并不合适，他的设计用知觉心理学来解释并不容易。其实在任何案例里，只要看着或者拿着他的作品，就可以说它们并不需要采用这些新词。不过，深泽直人显然读过提出这个专业术语的心理学家詹姆斯·吉布森[2]（James Gibson）的著作。

“可供性”(Affordance)指的是自然世界的属性，即提供给我们宏观秩序潜在的“意义”或者“价值”。比如，一把可以坐的椅子，或者一块可以站的地板，可以说它们具有坐和站的“可供性”，这不仅仅适用于椅子和地板。实际上，所有的事物通过它们的形状、位置、布局、材质质量和表面特征的变化，甚至生物（包括人）的运动，对其周围所有的事物都提供了潜在的“可供性”。

让我们先回顾一下，是什么让吉布森在20世纪50年代末提出可供性想法。吉布森在20世纪20年代进入普林斯顿大学后，就在霍尔特（Edwin B Holt）的基础上开展研究。霍尔特是威廉·詹姆斯[3]（William James）的信徒之一，他的论文在其过世后被汇编为《彻底经验论文文集》（*Essays in Radical Empiricism*, 1912）。值得注意的是，詹姆斯实用主义的“普林斯顿学派”强调知觉的研究，并且认为人们与环境不可分离，这彻底背离了笛卡尔的二元论。举个例子，绕着城镇步行时，景色是依次变化的；随着运动，一个人对城市的认识也在变化。这种连续只对这个步行的人是可见的。如果打乱步伐的节奏，景色就会变成另外的面貌，慢的步伐产生慢的心流。可以说，每个步行者所看见的都是不同的城市，这种现象被詹姆斯称作“纯粹经验”，用来强调人们不可能与环境分离。

实用主义[4]，是经验主义的一个分支，显然它站在了康德超验主义的对立面；超验主义认为时空概念是被先验给定的；实用主义也反对休谟的传统经验主义思想，休谟认为感知到的世界是与感知者相分离的，生物本能地会对环境中的刺激产生反应，形成一个刺激—响应—刺激—响应的链条。因此就可以基于物理和心理的测量条件，分别解释知觉,比如让视神经兴奋的灯光亮度，皮肤上的压力等等；然而詹姆斯和实用主义者们批判这种知觉刺激量化分析的方式，认为完全不适合纯粹经验在真实世界中所观察到的变化，微观的刺激并不是要点；当外出步行时所唤起的，对不断变化的世界的感知，会与连续不断的事件进行交互，宏大的时空

[1] 可供性

一个在生态心理学中很关键的概念。詹姆斯·吉布森在动词“供应”基础上创造了这个名词，它被广泛地用来描述事物通过感知或者潜能提供功能的属性。“意义”“价值”或者吉布森所称的“可供性”以一个积极而决定性的角色铸就了被动式的环境。比如，一把椅子具有可以坐的可供性。可供性不是“刺激”以产生反应或者反射（椅子并不能迫使人坐下来），而是客观的度量，并且不受能力的影响（椅子具有可供坐下的能力并不受人的情绪或者健康因素的影响）。

[2] 詹姆斯·吉布森（1904—1979）

美国知觉心理学家，出生在俄亥俄州的麦康奈尔斯维尔。被誉为“生态心理学”的奠基人。1922年，他开始在普林斯顿大学学习心理学，受到当时占主导地位的美国实用主义和格式塔心理学的强烈影响，“对感官的直接刺激并不是感知的唯一原因”成为当时主要授课理论观点。

第二次世界大战期间，他参加过美国空军知觉研究项目，之后在康奈尔大学继续他的研究。他的理论著作包括*The Perception of the Visual World*（1950）和*The Sense Considered as Perceptual Systems*（1966）。绝笔之作*The Ecological Approach to Visual Perception*（1979）在他过世之前几个月出版，书中他继续激进地重新定义环境与机体的关系，并强调在现实世界中行为研究的重要性。

[3] 威廉·詹姆斯（1842—1910）

美国哲学家和心理学家。与内兹佩尔塞（Nez Perce）和杜威（John Dewey）一样主张实用主义。在哈佛大学进行了范围广泛的研究，包括医学、哲学、神学、生理学和心理学。

他的理论著作包括 *The Varieties of Religious Experience*（1902），*A Pluralistic Universe*（1909）和 *Some Problems of Philosophy*（1911）。詹姆斯是小说家亨利·詹姆斯（Henry James）的哥哥。

[4] 实用主义

一个有影响力的思想学派，派生自英国的经验主义，主要盛行在19世纪末到20世纪初的美国。该学派认为评估知识应该基于它的实际效用，而不应该基于对错的判断。通常来说，实用主义附着在人性和世界"真实生活"的角度之上，因此被实验性科学的哲学广为接纳。

[5] 肌理／表面／布局

根据詹姆斯·吉布森的理论，我们环境中的每一个"表面"、空气和物体的材质相遇之处有着它自己独特的微观结构，或称之为"肌理"。在 *The Perception of the Visual World*（1950）里，詹姆斯展示了六张照片，例如"一辆木质的旧马车被遗弃在下午芳香的田野上"，"一个刚被切开的橙子"等，这些照片还带有注释，来说明肌理是如何被发现的。这种肌理般嵌入在环境中的格式，被他称为"布局"。他指出，近距离看到的"皮肤"和远距离看到的"面孔"都是肌理；从一个肌理到另一个的过渡，是光滑的梯度，累加起来的感知层构成他所说的"嵌套"关系。在生态心理学里，环境并不会被看作独立划分的单元，而是被视为没有边界的表面布局。

茶包+指环：P40

秩序笼罩着感知者，它具有宏观层面的复杂性。

回到吉布森，我们知道他第一次在世界上的言论是：从20世纪50年代起，他就开始谈论地面的"肌理"，那是当时的一个革命性发现。在那之前，知觉理论都基本假定感知是在真空中的。心理学家们都热衷于实验室试验，比如"深度知觉测试"和类似的试验——在漆黑的房间里，被测者要报告他们所看见的信号灯有多远。第二次世界大战期间，吉布森在平流层中飞行的同时，也在针对空军飞行员进行着高级的知觉研究，有一些他穿着制服的照片档案保留至今。鸟瞰的经历一定影响了他看待我们周围的事物的方式，即山脉和森林，沙漠和城市以及湛蓝天空的异变都有着肌理，还有地面的树木、橙片、石墙，我们周围的每一部分都有肌理。吉布森从此开始用他自己的模型——"肌理""表面""布局"[5]，重新诠释视觉世界。吉布森认为我们在房间里看见的窗户和门，实际上是"布局"。朝墙走去，"肌理"会放大墙的布局。当我们移动时，视角会变，但是房间看上去还是同一个。我们越移动，就越会把房间没有变化的部分视为一个整体。吉布森说，运动中的测试者可以通过体验没有变化和正在变化的布局，来感受周围的环境。这些感知使我们能够识别周围正在变化和没有变化的事物，它们也起到了可以指出"可供性"行踪的作用。

让我们看一下深泽直人设计的茶包，附在线绳末端的是一个茶色的小指环，它告诉我们适当的时候可以移动茶包，这也是一个可以说明可供性如何发挥作用的很棒的例子。当我们在茶杯中移动茶包，茶叶浸入热水，我们会看见茶色缓缓晕开。在这些变化中，到达了一个顶点——味阈。任何季节的喝茶者都不想错过一个由小环呈现在我们面前的点。从字面上看，它提供了可以提示茶是否可以喝的可供性。通过小指环的肌理指出喝茶的最佳时机，揭示了茶潜在的核心"意义"。

可供性是每个人都可以通过直觉感知到的。面部的皮肤"肌理"可以告诉我们某个人的身体状态；农夫通过水果的"布局"来决定采摘的最佳时间。我们也知道，可供性有很多，而且很复杂，很难用言语表达。从婴儿到老人，从变形虫到人类，都会察觉和利用它们周围环境中无数的可供性。

信息展示给我们哪里有可供性，例如感知到的光线和震动，气味和触摸。这些信息可以是高层次的，也可以是低层次的。比如，在艺术领域，我们可以认为绘画行为起到把现实复杂性降低到较低层次的作用。除了类似塞尚这些画家的复杂图像，大部分艺术作品中描绘的图形和物体都减少了现实事物布局的复杂性。即使如此，我们仍然能够辨认出人的肖像，甚至能够感受到俳句所描绘的自然景象。音乐通过听觉冲击的方式单独地表达出世界，当然，世界上除了冲击之外还有更多其他的方式。创新的表达方式是，艺术家和设计师们在编写他们所理解的现实信息时，会挑选并放大身边复杂现象中的某些方面。抽象艺术中简单的线条给了我们世界是非常富足的感觉，同样，设计也是如此。

深泽直人为无印良品设计的电饭煲和电冰箱也"供应"了核心的意义：例如可以将盛饭勺放在电饭煲盖上，可以在冰箱门上写字。没错，这些设计并没有简单地采用邀请的动作，如"在盖子上有一个饭勺形状的凹陷，暗示我们可以把饭勺放在那里"，或者"空白的冰箱表面是一个白板，我们为什么不在上面写字呢？"这些都不是可供性。在日本设计圈里，"可供性"达到了某种流行语的程度，但还是有限的。

吉布森的"可供性"并不是一种煽动性行为的认知标准，虽然没有人知道怎样使用这种标准，但在工业设计上强制附加一个概念是徒劳的。需求会间接地引导设计师的态度、行为。吉布森还解释了观看景色和欣赏风景画之间有着非常不同的体验。遵循别人的体验设计，这本身也供应了一种增长见闻的体验。不过，深泽直人的设计和产品从未说过"要像这样设计"，他最多只是提供了很微妙的引导，即"这样设计也是可能的"。

电饭煲：P34

这也许是深泽直人在其《设计的生态学》中“适应”的含义。如果你盯着一个人磕生鸡蛋，为确保蛋黄不被破坏，他通常会先轻轻敲击鸡蛋来判断蛋壳有多硬，紧接着才会做几次硬的撞击。这一系列动作不是每个人都会注意到的，好像仅仅是在“适应”鸡蛋，其实是为了了解生鸡蛋。我曾经让几个四岁小孩磕鸡蛋，观察他们会怎么做（其中一个小孩竟然像掰曲奇饼干那样试图用拇指掰开鸡蛋）。很奇怪，他们似乎不知道怎么磕破鸡蛋。我想，这大概需要很多年才能学会“适应”这个诀窍。同样的情况也发生在下楼梯的行为中，每个人下楼梯的方式都不同。楼梯供应了很多种可以走下来的方式，但是那些下楼看起来很轻松的人都掌握了这样的诀窍，即只踩着每个台阶的边缘，将自己的身体轻微抛落。在这个例子里，他们的整个身体是倾斜移动的，这就像是在“适应”台阶的边缘。即使是最简单的动作，每个人都要通过实践来学习，并在面对世界的过程中发掘适合自己的方式。所以深泽直人的“适应”理念触动了我。我们在磕鸡蛋或者下楼梯时“感觉正好”的体验感，被他勾勒到设计之中。

深泽直人经常提到“无意识设计”，在我看来，这是唤起寻找“核心意识”的想法。比如，穿袜子时，我们必须把手放到脚趾尖，但这样人很容易摔倒，因为我们的身体失去了平衡。如果深泽直人也设计袜子，我相信他会考虑改善我们身体的失衡问题。深泽直人的口头禅“总是会有眉目的”（always-should-have-been items）似乎指的就是这个“核心意识”，那是我们自身最隐秘的部分。

很少有人会思考我们如何磕生鸡蛋或者穿袜子，但是如果搜寻蕴含于人与物交互中的“核心意识”，就能够证明深泽直人研究的重要主题。他对大厅里鞋子的布局非常感兴趣，也对不同的人在相同地方使用相同东西的“活跃记忆”进行分析，这让他了解了共享环境的特征。

深泽直人所致力于设计的这种“客观”或“公共”品质是非常精彩的，也是很冒险的。这都是因为大部分人并不会从环境中寻找“意义”，他们只从主观的个人事迹中寻找。他们的表达方式躲避着共有的体验，这也是为什么在“艺术”中存在许多无懈可击神秘主张的原因。从另一方面来讲，可供性确保了公众的便利性。吉布森告诉我们，如果我们沿着同样的路走，会得到同样的信息。他用了半个世纪去思考“生态光学”，这是他的理论，是关于表面如何在充满光的环境中布局的理论，也是关于我们在光中移动时，如何发现可供性的理论。在吉布森看来，“意义的公共性”等同于“运动的通用性”。在现实中，完全像其他人一样运动是不可能的，但在理论上，光的体验单独就可以建立可供性的公共性，这也是为什么在表面上留下痕迹如此重要的原因。

我们生活在他人一贯的意识中，我们想通过写作和摄影来诉说、展示、解释和传播事物给人们。对于学者而言，我们至今都不能真正地解释自身与他人的沟通是如何与即时对话之外的因素相关联的，我们的交互是如何在自我被抹去之后通过空想透视达到调和。吉布森的知觉理论是从环境光发射的信息中派生出来的，它阐释了与世界直接进行视觉接触的现实，使用的是事实而非心理事件。可供性理论最令人惊讶的是，仅仅通过环境中的发现就可以保证公共素质。深泽直人说过，一个人的身体、观点和个人经验都不是客观性的障碍。我想，这正是基于吉布森的“生态光学”的理论观点。他和我都渴望通过这种开放的公共心理学来开展工作。

可供性理论已经存在了足足半个世纪，它是深刻的，也是有难度的，尽管吉布森用了一种有趣的方式呈现它。深泽直人的设计并不基于可供性理论，但他的设计让我们认识到吉布森所指为何。深泽直人通过他的设计灵活地探索着生态心理学最为核心之处。我们这些日本生态心理学家为他所做的一切，感到非常高兴。他的工作需要“适应”设计，就像他的作品需要“适应”知觉理论。吉布森可能会说，事物本身可供性和人们对可供性的兴趣都被“嵌入”到深泽直人的设计之中了。

此文最早刊登在*KOKOKUHIHYO MONTHLY*, no 293，2005年6月，第86页。

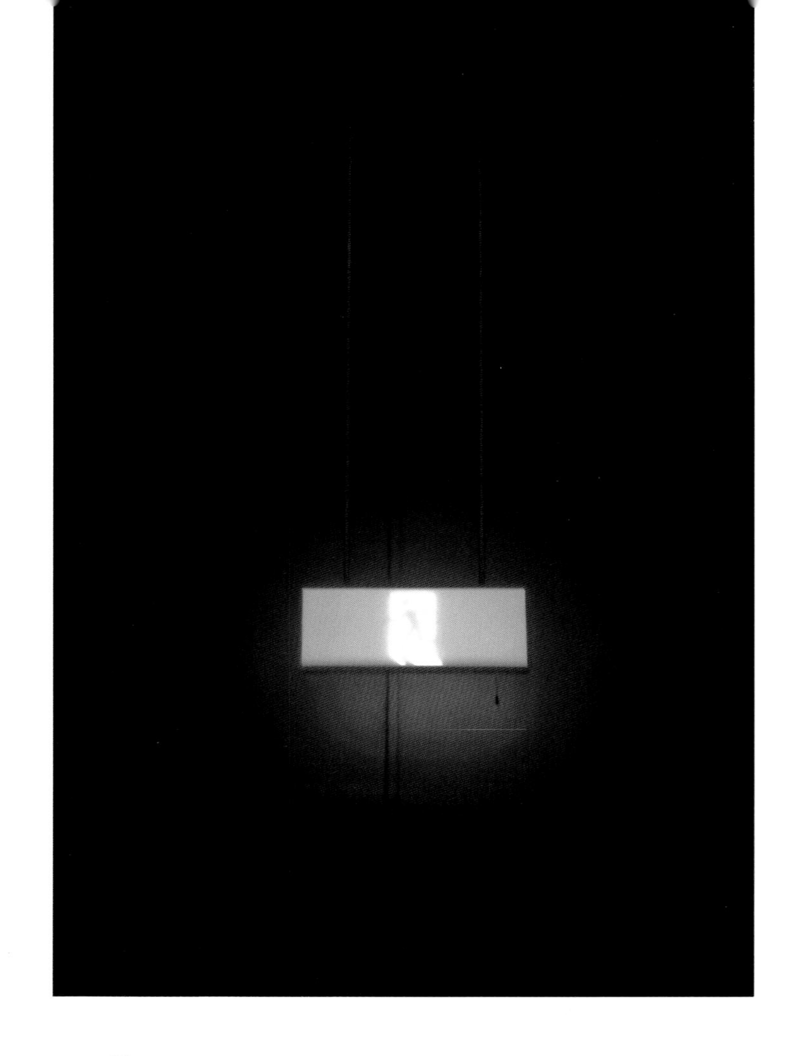

Information in movement
运动中的信息

紧急出口的标志看上去像一个人正在跑步穿过一扇门。这个信息是固定了的，你可以想象一下在这个场景之前或者之后会有多少种情况发生，这其实仅仅是不同运动中的一个片段。现实是信息的感知，每个人都不会质疑这点；现实因接收信息的人而不同。在这个固定了的信息之前或者之后有着无数不同的故事。在跑出出口之前发生了什么？在跑出出口之后又发生了什么？有许多可以补充的故事。因为每个人的现实都是不同的，每个人都有不同的故事，或者在这个标志所描述的情形之前或者之后，就会发生不同的事情。

在森喜朗艺术博物馆（Mori Art Museum）的"六本木交叉路口"（Roppongi Crossing）展览上，这个作品被放在紧挨着洗手间的紧急出口处展示，很多人第一次都会错过它，之后他们才开始注意到它，再然后会有一大群人盯着它。我们没有预见的是有人错误地以为他们在排队使用洗手间，也有人因此而忽视了标志。

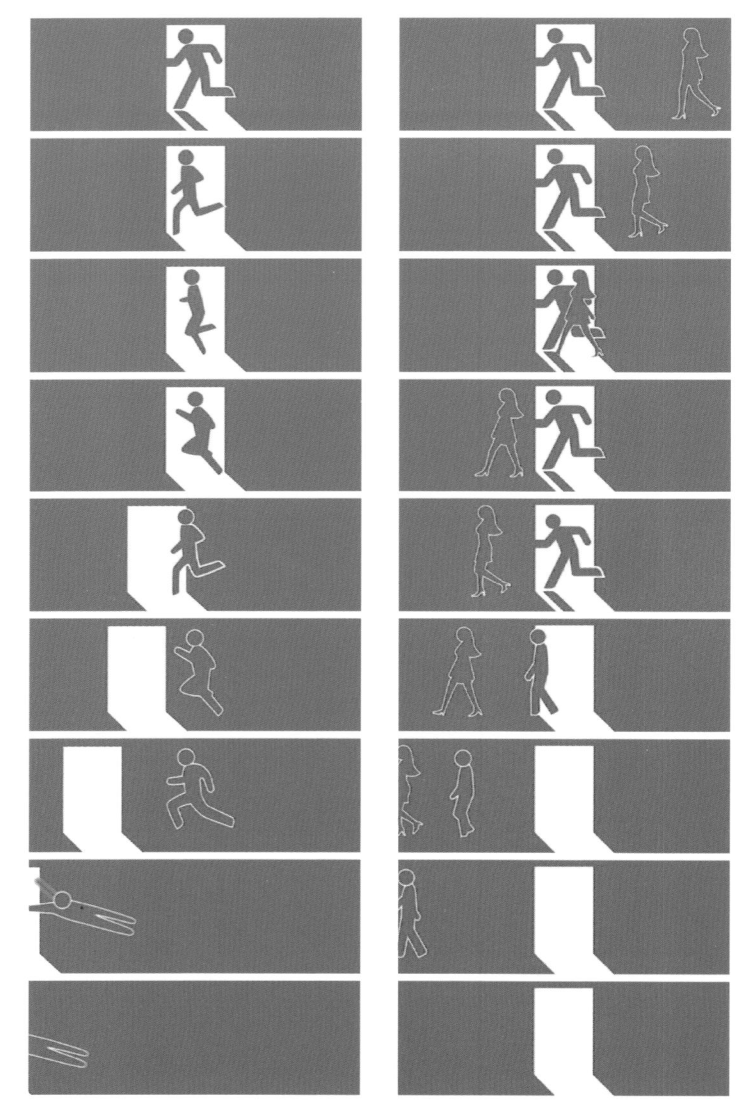

打开的门表示逃生

来了一个女人——他跟着她离开

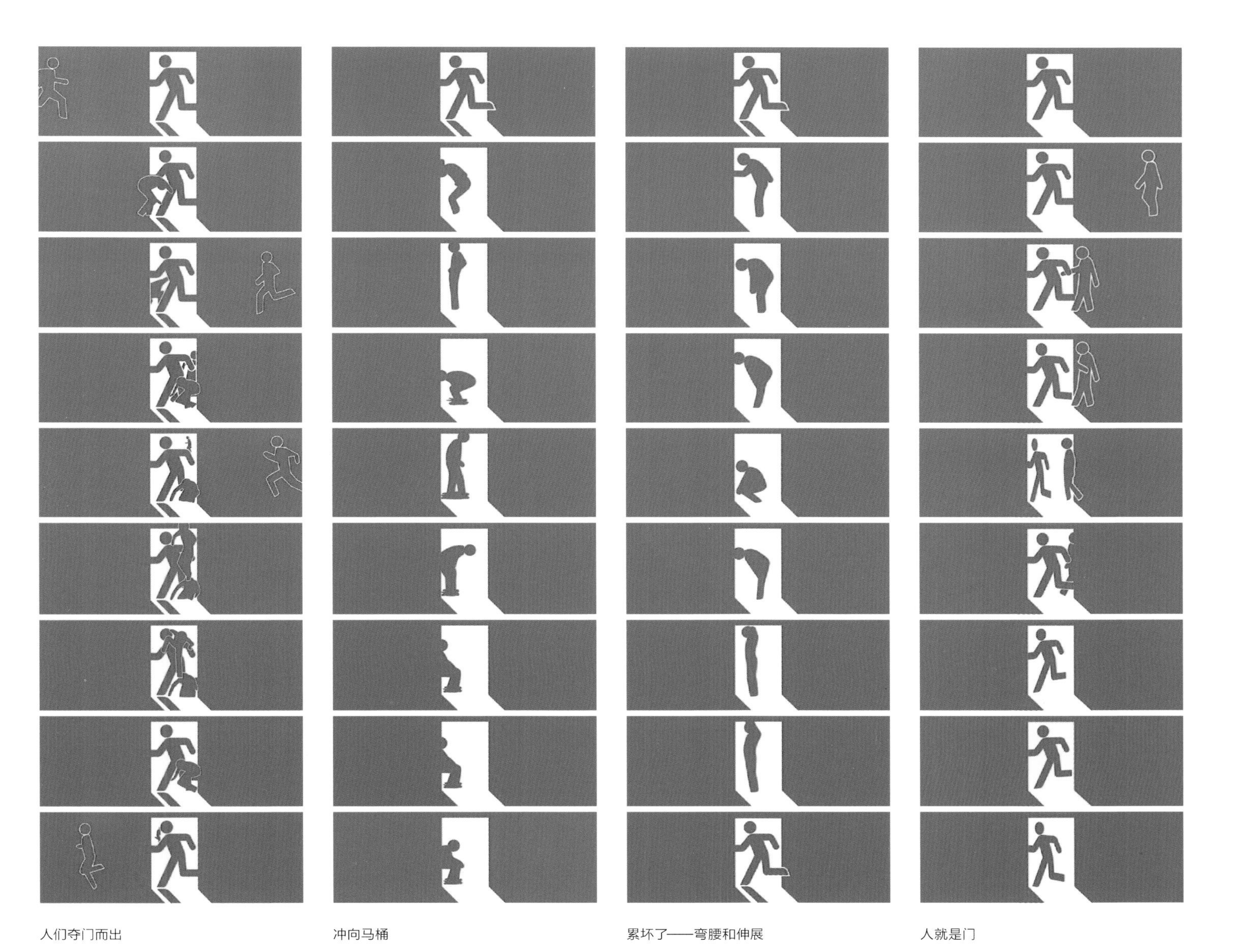

人们夺门而出

冲向马桶

累坏了——弯腰和伸展

人就是门

Memory of feeling

感觉的记忆

我忘记了具体是什么时候，只记得是小时候，我给一个土豆削皮，用水洗过之后，去掉上面粘着的脏东西，它圆形的表面上会露出小刀留下的钝角切痕。光滑的表面和钝角同时存在给我留下了良好而深刻的感觉。我记得，那时每个人都会对这种肌理产生同样的反应。从那以后，每当我削土豆的时候，都会回忆起这种感觉。

在我设计这款手机时，土豆和它的钝角一下子进入了我的脑海。那时，手机外观的趋势是圆润的表面；而在我的设计里，我用一把小刀在圆润的表面上切削出钝角。在光滑、有光泽的表面上有一些平面，感觉非常好，轻微弧度的转角也很有吸引力。在开会的时候，无论是把手机放在口袋里还是会议桌上，你都可以在不经意间享受着手机带给你的感觉。抚摸手机时，手机“挑逗手”的感觉也被视为它的功能之一。

我经常被问到，意大利的超级跑车是否是这款设计的灵感来源，我大笑着回答：“不是，是土豆。”

Things that already seem to exist but don’t

似乎已经存在但其实并没有的东西

自1980年以来的20年里，作为一名产品设计师，我一直都在创造着具有新功能和新技术的新产品。“新产品”这个词，其价值就在于它们是“新”的。虽然有一些是好的设计，但却是不可持续的，每隔六个月，我就需要再做出一些新东西。改变，就是设计的价值和角色。

当我刚开始成为一名设计师的时候，我被告知，“去秋叶原仔细地看看那里的产品”。秋叶原是一座充斥着许多电子器件和电子产品零售店的小城，也是一座被视为日本电子工业象征的独特小城。它已经成了消费级电子产品零售店的代名词，因为世界上没有任何地方可以像这里一样，能够在一个地方就看见一个产品族。去那里了解竞争对手们所发布的产品，对比它们的功能，了解未来的趋势，是新手设计师学习的最好方式。当然，一次次地前往那里，为那个特定的世界创造着“设计感”，设计就会顺从地成为其中的一员，减少很多难度。

在此时，出现了一种家用电器和电子设备的设计元素，即形式服从功能。一个优秀产品设计师的标准是，他能够准确地衡量这个元素，同时能有所改变，创造出既能展现其功能，又能让它们看上去是新的产品。于是我开始设计“设计感”，仅仅考虑这些产品在我们的生活里应该具有怎样的外观。

受到后现代主义的负面影响，直至20世纪80年代，我才从这场运动中挣脱出来。颜色和外形日益盛行，由粉色、黄色和绿色组成的奇特建筑和物品充斥着街道。在“情感化”设计的法则下，斯巴达功能主义的“棕色”设计因其乏味性被抛弃。受这种思潮旋涡的影响，带脚架的摄像机、带喇叭的收音机面世。这是一个为了设计而设计的时代。

因为不停地被要求改变，我设计了许多东西，我的创造能力自然提高了很多。我以自己的方式权衡外观、

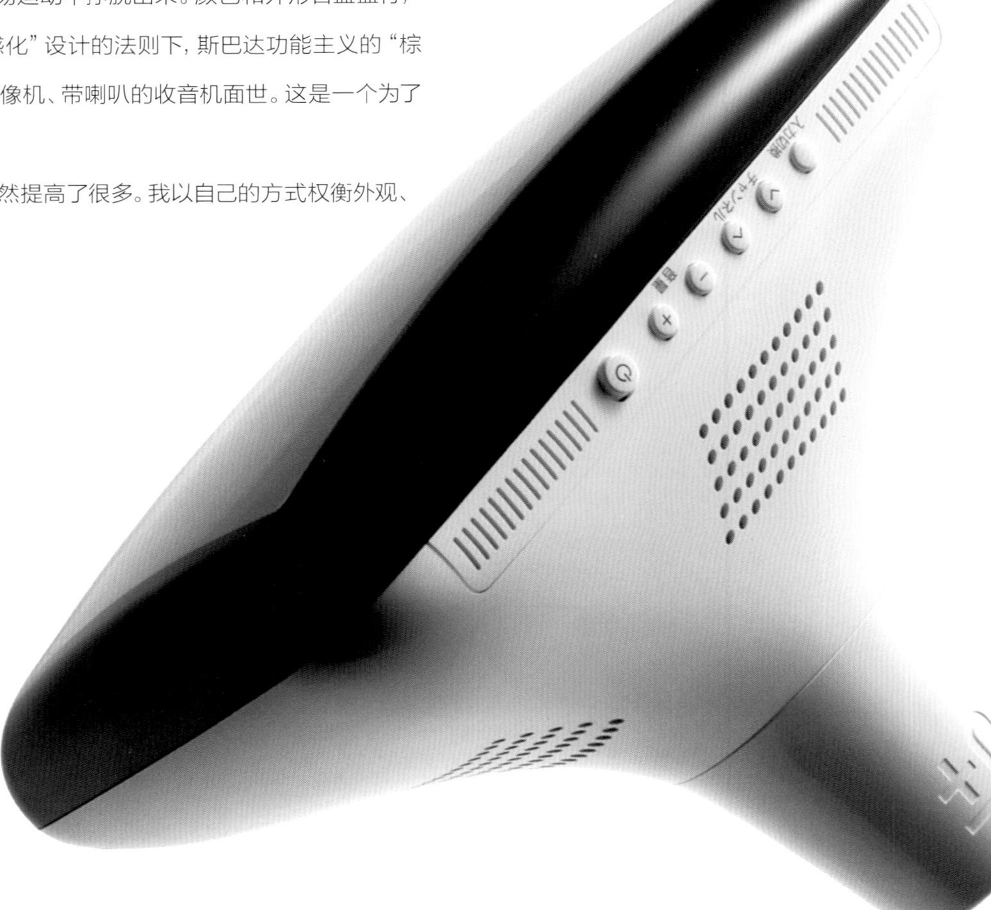

制造物品，即使是一堆荒谬的产品也是如此。然而，与此同时，我并不能消除自己的疑问，即这样创作的意义何在?

当我意识到并没有一个外观是适合所有人，也没有一个东西能够在孤立的功能中有“好”外观时，我的思想得到了解脱。我开始相信，设计应该是为情景寻找合适的答案，于是我停止了简单地以创造形式为目的的设计。这大约发生在1996年，从那以后，我设计了CD播放器，并在“无意识设计”的设计工作坊上发布。

我相信，设计师们也开始意识到，以改变或者给事物赋予毫无意义的形式为目的的设计并不正确。在过去的20年里，有些事情做得并不对但也在消费者的头脑里扎下根来。但问题是，现实中充斥着许多自称为“设计粉丝”需求的消费者和许多喜欢新事物并且想把设计当做管理武器的客户们，这些人坚信设计会让事物变得特别，并为这些东西付费。设计师们不能让这些人失望，于是他们在这种矛盾之下继续设计着特殊的模型。

在这个时候，我受到佐藤庆太（Keita Sato）的邀请，他是TAKARA玩具公司的主管。佐藤是一个精明的商人，他所负责的爆旋陀螺（Beyblade）和狗语言翻译机（Bowlingual）项目都很畅销，前者是一种在卡通影片中出现的旋转陀螺，后者是一种“翻译”狗说话的设备。他说他想生产一些家用电器，原因是虽然市场上有许多家用电器，但没有一个是他想买的。“即使它们的功能很棒，但当实际要买的时候，却没有一个是我真正想要的，所以我想自己来做！”他说。对于每个制造商而言，相对的技术优势已经失去了力量，所有的制造商都在生产雷同的东西，大家都在价格战中输给了中国。为这些制造商工作的设计师们也忘记了正确的设计应该是什么样的，他们都失去了动力。

PLUS MINUS ZERO（±0）是一个产品系列的名字，其意思是精准地达成人们的预期，抓住他们摇摆不定的欲望。我通常把这个系列解释为“似乎已经存在但其实并没有的东西”（things that already seem to exist but don't）。我喜欢这句话。有些东西似乎存在着，是因为它们已经存在于人们的脑海里，或者是人们期望能够看见它被呈现出来。

（±0）给看不见的期望赋予形式，它设计着平凡。

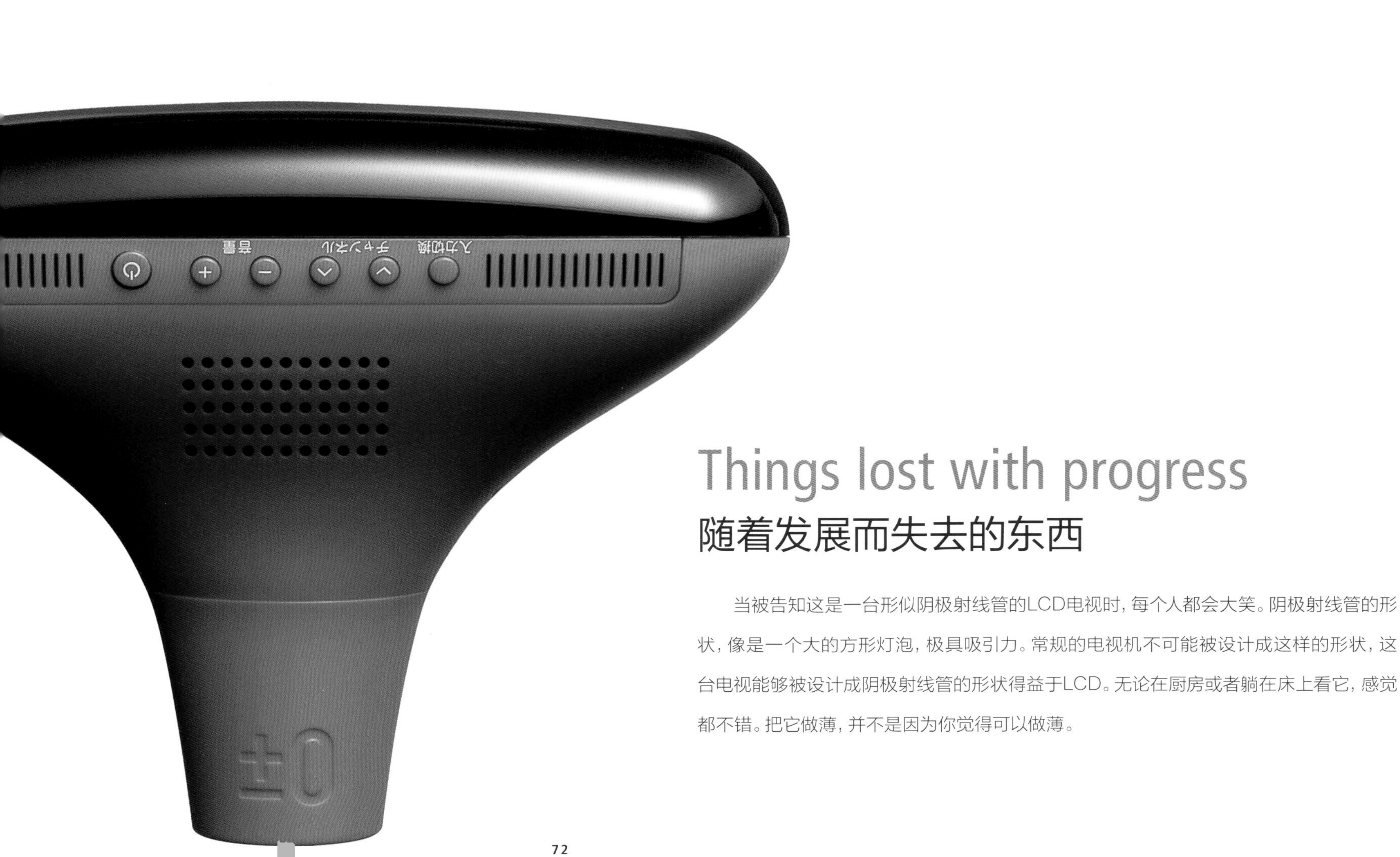

Things lost with progress

随着发展而失去的东西

当被告知这是一台形似阴极射线管的LCD电视时，每个人都会大笑。阴极射线管的形状，像是一个大的方形灯泡，极具吸引力。常规的电视机不可能被设计成这样的形状，这台电视能够被设计成阴极射线管的形状得益于LCD。无论在厨房或者躺在床上看它，感觉都不错。把它做薄，并不是因为你觉得可以做薄。

8-INCH LCD TV ±0
8寸LCD电视

No silver metallic paint

不用银色的金属漆

银色的漆经常用来让塑料材质的产品富有金属质感（让产品看起来像真金属制作而成），它也成了高科技电子产品的标准色。我却一直抗拒这种因为它是标准就毫不质疑地使用在任何产品上的想法。但如果不用这种颜色，销售产品的时候会像一次赌博，没人想冒这个风险。颜色的确可以瞬间就能被识别，但是这种颜色也会有问题，比如它是否需要与房间的装饰相称呢？

我决定不用金属漆的银色，而使用灰色和黑色的中性组合色。灰色有光泽，并且有漆器般的质感。我挑选颜色时，尽可能地广泛，不做作，不个性。

在所有电子设备中，电视的发展是非常显而易见的，它就是高科技产品的同义词，并且是最流行的产品之一。电视被设计得越来越大。我想，当你早上打开电视时，新闻播音员的脸会出奇地大。你也许并不知道最合适的屏幕尺寸是多少，但我认为出现在屏幕上的脸的尺寸至少不应该比脸的实际尺寸大。

在商店中比较电视时，你会发现所有的电视尺寸都一样，而电视屏幕的比例对消费者来说就是一个重要的参考标准了。我设计的这台电视的屏幕边框做得尽可能窄，并且也是极简的。经常有人说这台电视明显比其他制造商制造的、有着相同尺寸的小很多，其实实际屏幕的大小是一样的。

A meaningless shape that people like

人们所喜爱的无意义的形状

加湿器被开发出来，是为了给干冷的空气增加一些湿度，它能有效地预防流感和普通感冒。在近几年，加湿器已经成了家庭和办公室的必备品。加湿器是一种有着简单功能的产品——水被加热后以蒸汽的形式排出。由于功能极其简单，很快就产生价格战。制造商们生产了各种不同形状的加湿器，但是没有一个形状成为标准。你可以在许多家庭和办公室的角落里看见加湿器，但作为一个在房间里清晰可见的用品，你很难说，它们的设计与房间的装饰相匹配。在时尚服装店和艺术博物馆，设计是一个重要的元素，我看见过许多被加湿器拉低了空间调性的例子。

开发PLUS MINUS ZERO（±0）产品的原因是能够重新设计那些让我们生活更便利的产品，并保持低价、低调又与众不同。重新设计一系列人们不会对其设计抱有高期望的产品，这样做也会提高人们的生活质量。加湿器就是其中之一。

不存在像“加湿器”一般的形状，也不存在这样的形象，因此任何形状都可以。经常有人在看到我的设计时说，在设计这款加湿器的时候，我脑海里想象的一定是甜甜圈，或是水滴的形状，但是我并没有想到过这些形状。我是想通过让水蒸气从中心升起的方式来增强加湿器的形象，实际上我想到的是一个盛水的容器，比如一个有光泽的、泡泡形状的瓷器，这样可能会更好。我这么考虑的原因是它应该成为一个能够充实空间的东西，在使用或者不使用的时候都能够装饰空间，在没有灌上水的时候，它甚至可以是一个花瓶。

因此，你不能说这个加湿器的形状只有功能的意义，它还具有惹人喜爱的形状元素，没有只具备功能作用的东西。如果我们从产品的使用条件和需求原因来确定意义，就可以说，一个本身具有惹人喜爱元素的形状就是越具有功能意义的。

消除上下部分之间的分模线是所有塑料制品都必须做的。在上下部分黏合之后喷漆，然后再手工抛光，这对于大众产品而言是非常不切实际的制作流程，但只有这样，它的肌理才能保持下来。

对此，我甚至听说买了这个加湿器的人们并不使用它。

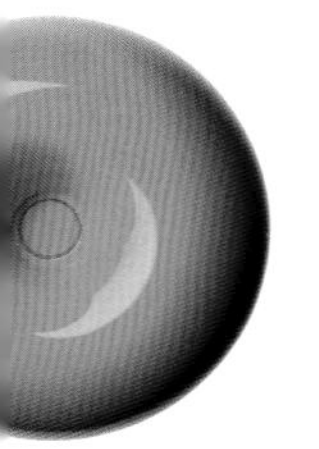

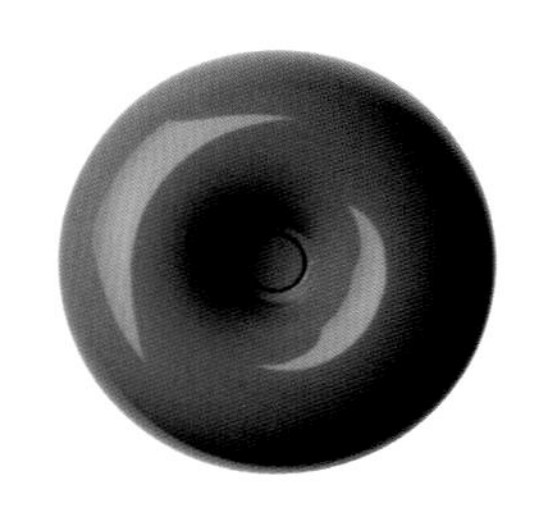

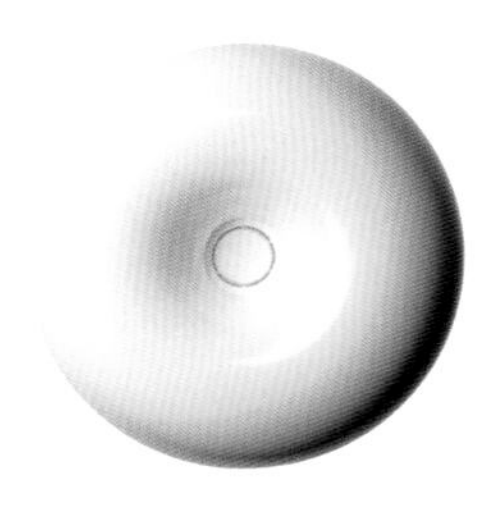

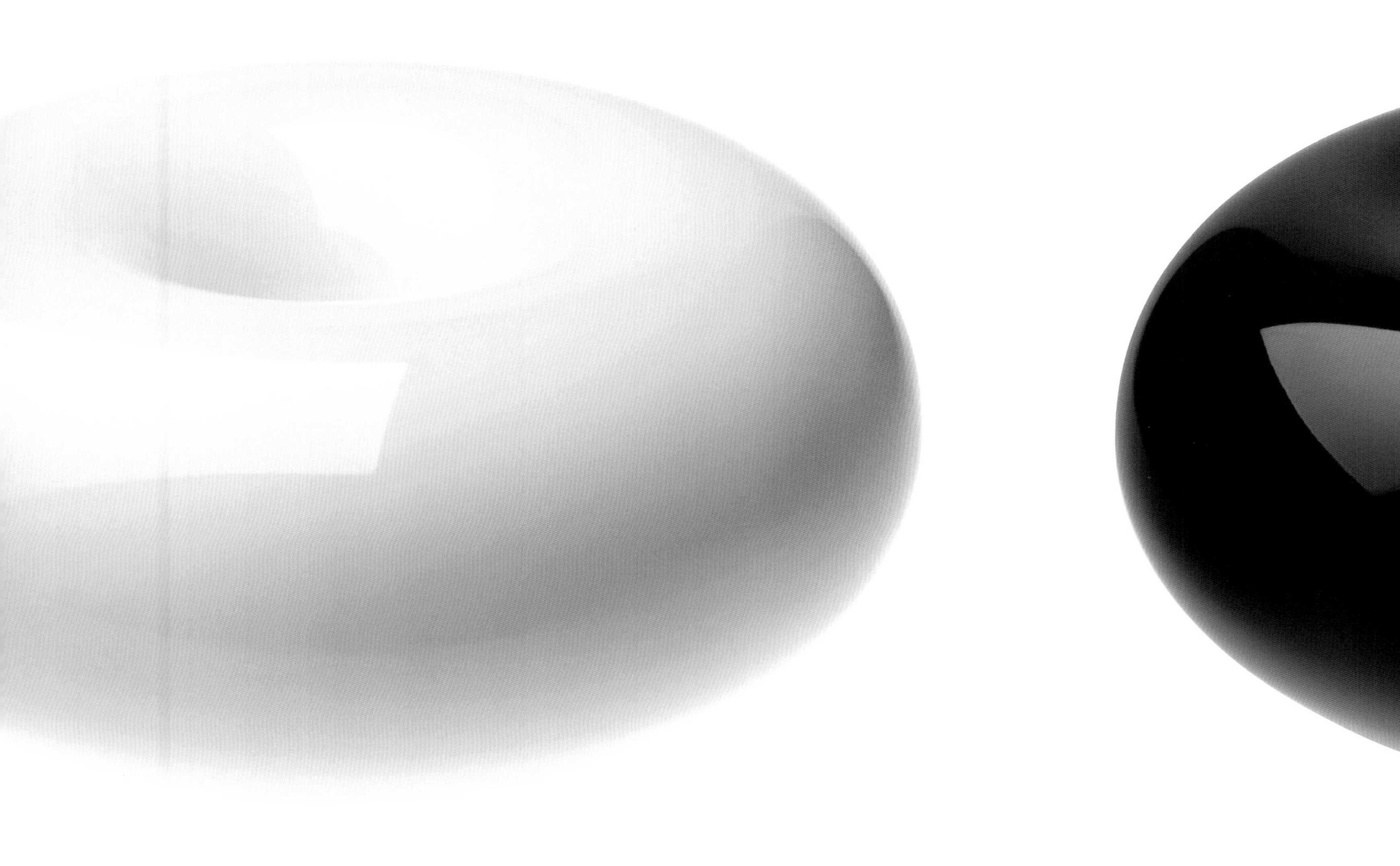

A switch that changes people's mode

切换模式的开关

当人们回到家，会从口袋中掏出钥匙、手表和其他随身物品，并把这些杂物放在一起。这个带有圆盘的灯就是为了这个情景设计的。当你在夜晚回家，打开灯，就像从工作模式切换到了私人模式，就如同从开到关；当你打开盘子上的小开关，灯就会亮起来，模式就发生了变化。把开关从底端向上方打开，取下首饰和手表，把它们放在盘子里，这些动作形成了一系列的连续行为过程。靠在床边读完一本书，取下眼镜，把它放在盘子里，压下开关，关上灯……这个带有圆盘的灯不断切换着人们的生活模式。

A light sandwiched between things

夹在物品之间的灯

在生活中，有许多事物围绕着我们，我们很熟悉那些经常看见的物品的大小。比如，一包500页的A4打印纸就是这样的一个物品。办公室里会经常看见它，它也是办公室和工作的一个象征符号。这个A4灯就是我把这个家喻户晓的形状时尚化成一盏灯的结果。书架、桌子、文件、笔记本或者文件柜，甚至办公室的房间通常也与这个标准的A4尺寸产生关联。我设计的这盏灯，它的尺寸和形状与这些物品都有着紧密联系，这样就会产生一个能够与所在空间相融合的物品。文档或者书可以堆在灯上，也可以摆放在书架上。这个设计也可以是一个单独的灯具。于是，我设计了这样一个可以夹在各种不同物品之间的灯。

The shape of happiness

快乐的形状

我相信，追求快乐深深地根植于我们的生活方式之中。在日本，三明治面包的形状就是令人快乐的形状之一。面包是从西方传入的，但它已经成了日本人早餐的标配。日本人认为西方是明媚的地方，因此面包相比日本传统的食物更能给人们带来快乐的感觉。

这个烤面包机仿照了三明治面包的比例——略显狭长的长方形固体机身可以唤起蕴含在这种形状之中的精巧、可爱和美味。

Assimilating into the surroundings

融入环境

这个方形咖啡机底部的R角（半径）与其托盘的四个R角相吻合。当撑起托盘的腿，它就变成了一个小桌子。

4 GHI
5 JKL
6 MNO
クリア
メニュー
7 PQRS
8 TUV
9 WXYZ
0
#
保留
留守

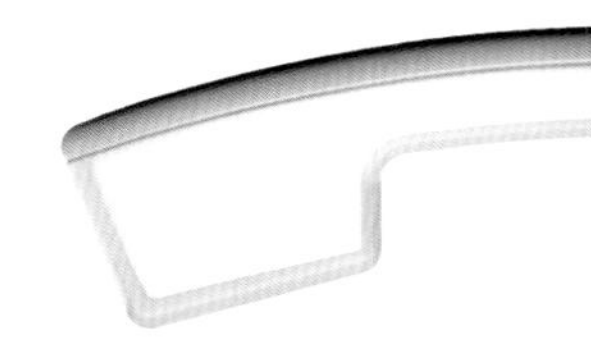

Cordless receiver

无绳话筒

很长一段时间，无绳话筒的设计主要是基于可用性，一次只改变一点儿。其结果就是有着舒适的形状，符合人的手、耳朵和脸颊的尺寸。如果改变了这个，就会是一件非常尴尬的事情。无绳电话出现之后，设计师们就试图开始设计立式电话，于是这就成了电话的形象。想象一下，以前从未有过这样一种可以不需要接收机就能使用的无绳电话，而我设计出了它。如果把一个像话筒形状的无绳电话放在沙发上，人们可能会认为电话没有挂断，但因为在数字键盘上有开/关按钮，就不需要再担心了。更有趣的是，你可能会把它错认为是办公室里随处乱放的电话话筒。

2.5R

大部分PLUS MINUS ZERO（±0）产品的R角（半径）是2.5毫米。其原因之一是，在很久以前，木材被剥下树皮之后就原样使用了，角会被刨掉，以避免接触时产生不舒适感。在很长一段时期之后，它就会慢慢地风化并形成一个圆角。在使用的过程中，自然地形成了R角。它的圆度并不是精确的2.5R，但是2.5R却很接近自然R角；另一个原因是，当流行使用塑料模具时，外壳最大的径向厚度是2.5毫米，而最大的R角也是2.5R。这就是说，2.5R是一种人们很熟悉的弧度，边是木材自然的弧度，从功能角度和模具处理角度来说都是不可避免的尺寸。如果R角再大一些，就成了一种装饰，设计师的意图就成了追求形式，这也是为什么我不想用更大R角的原因。

由于成功消除了六面体中的五个面上的分模线，我们就能给塑料开模的CD和MD播放器赋予一个类似漆器般、某种不可触摸的纯粹材质的样子。通常，电子设备的形状都是由其底座的大小和布局所决定的，合适而高效地布局可以产生矩形形状的外壳（模具）。这些MD和CD播放器都是又小又薄的形状，因为它们都很有效地使用了内部的空间。

它们上面的R角不可避免地也是2.5R。环顾围绕在我们周围的物品，桌子和椅子的角、钢板的卷角和漆器的R角都有着同样的尺寸。

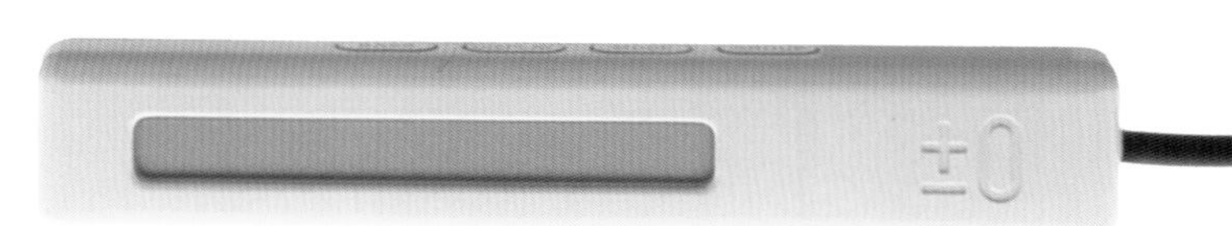

PORTABLE CD/MD PLAYER ±0
便捷CD/MD播放器

The colour grey
灰色

这个设计使用了与其他（±0）电子产品一样的视觉语言，并且没有在外观上使用倒角（制造一点间隙以方便从模具中取出），在任何可以相交90度的地方都使用了实心的矩形。在前面板和后壳之间的分模部分也使用了2.5R，这是为了保证塑料相接的地方不突出来。扬声器是密度板（MDF）喷7遍漆，然后再进行抛光而成，这就让它们像漆器一样富有光泽。

在日本，有光泽的灰色是很少使用在电子设备上的。与银色金属色相比，灰色显得很廉价。灰色在日本不是很受欢迎，它被称为“鼠灰色”，商人西装的灰色被描述为“码头鼠灰色”，灰色被贬低为一种缺乏个性的刻板颜色。灰色，既不是黑色，也不是白色，它被认为是模糊不清的。清晰的颜色，比如红色、蓝色和黄色都是有高饱和度的，而灰色则象征着无味道的。这种不能使用灰色的国家特质，显示了这个国家多么缺乏对颜色的品味。公共部门已经过度地使用华丽的颜色了；一些工厂的机器和工人的制服在过去都是统一的灰色，现在也开始使用明亮的颜色了。颜色是一个可以使产品与其他产品区分开的因素。因此，在电子产品零售店的货架上充斥着各种颜色。

灰色被选作（±0）产品关键色，以用来对抗生活中、产品中颜色的滥用。在这种其实很适合日本气候的灰色上呈现一些轻微的变化，就能给生活增加一些深度。另一个选择灰色的原因是，物品不再需要被过度强调，而且灰色也可以象征（±0）品牌背后的理念——“中庸之道”。灰色表达出了物品在我们生活中的位置，我真的觉得这种有光泽的颜色是富有吸引力的。

这个播放器的遥控器是鲜亮的蓝色，以便和DVD播放器区分开。遥控器是一个不属于任何地方，但又可以放在任何地方的东西，这也是为什么这个遥控器有着相同的R角；它看上去也像一个方块。我想人们可能会把它摆放在DVD播放器顶上，并把它们的角对齐。

AB DESIGN
YASUO KONDO
CONCEPT BOOK
日本心理学会第67回大会 発表論文集
2003
東京大学
ROPPONGI CROSSING
Sergio Rodrigues
VISUALOGUE
WARO KISHI

DANESE MILANO
DANESE MILANO

1950-2004
イサム・ノグチ
ABITARE
2003
2003

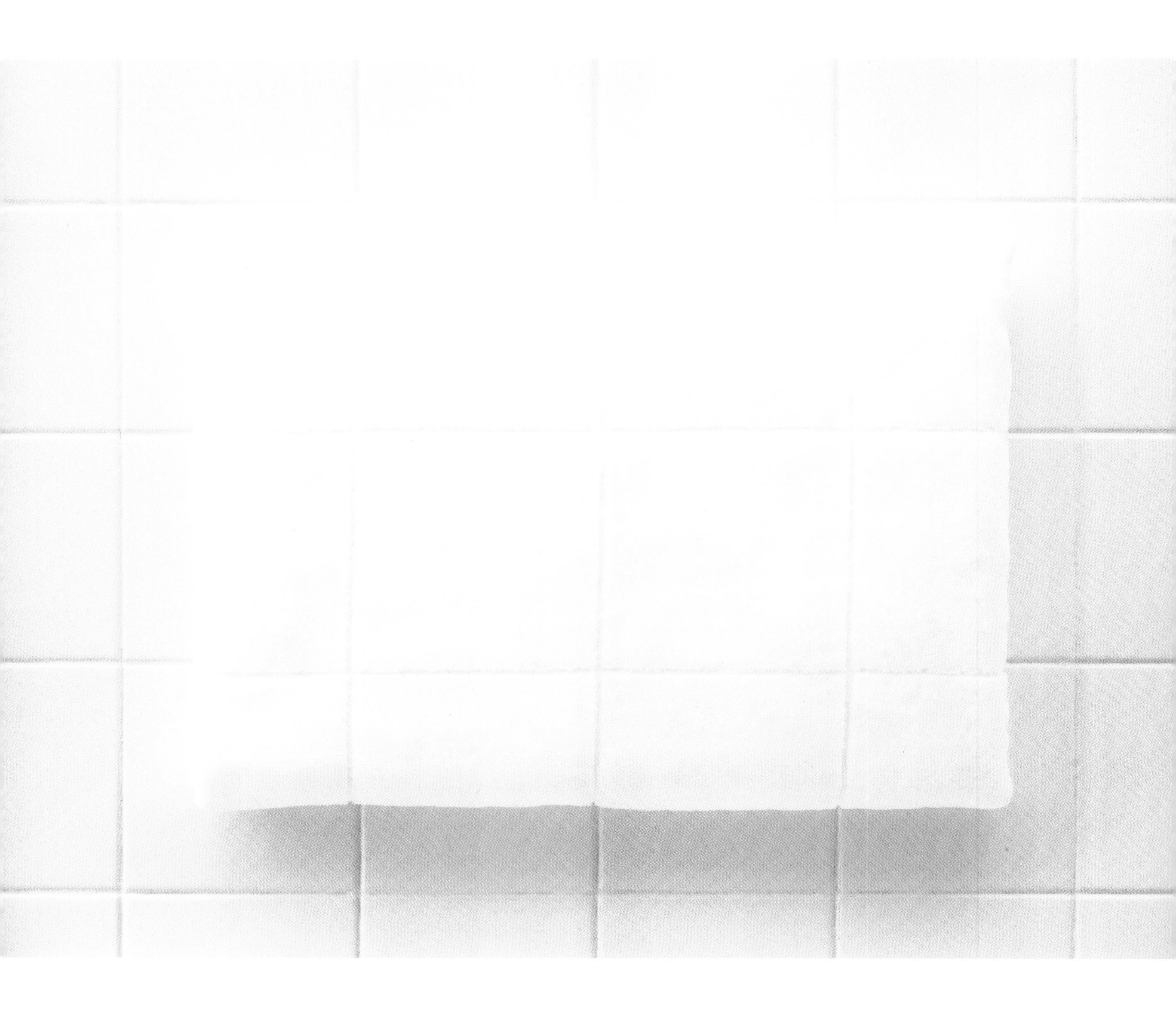

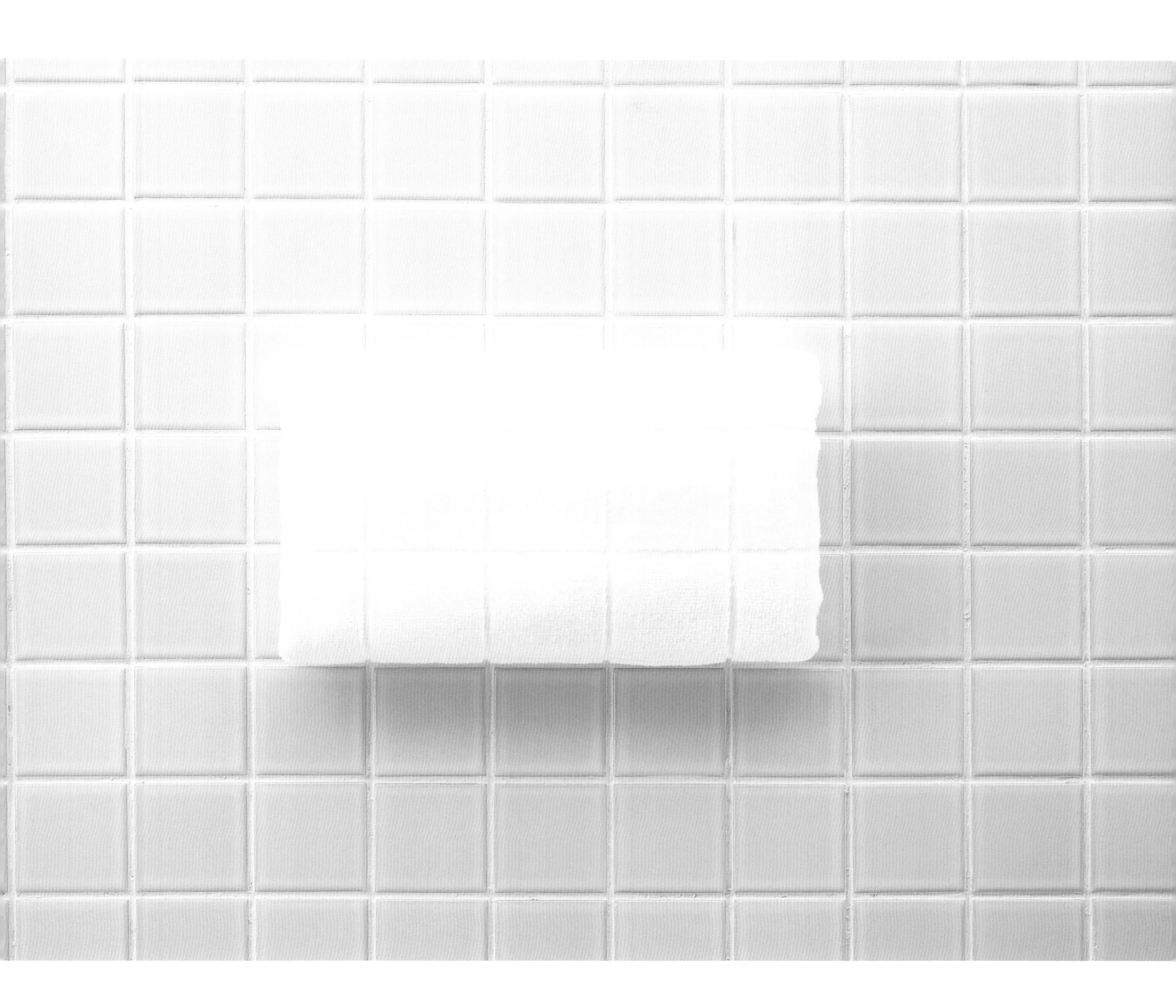

TILE TOWEL ±0

瓷片毛巾

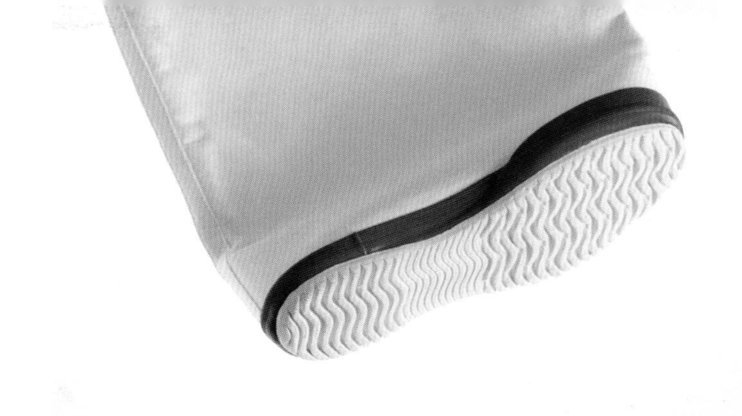

Shared nostalgia
共同的怀旧

也许只是在日本才有被称为”uwabaki”的鞋子，从小学到高中，几乎所有的学生都穿过这种橡胶底的鞋，这成了一种习俗。学生们进入教室之后要把鞋子脱掉，并且摆放整齐。这种鞋肯定是不够时尚的，而且我猜很多学生并不喜欢它们的设计。然而毕业之后，这些鞋子却像书包一样，成为我们学生时代的回忆，让人产生一种怀旧的感情。

这些低廉帆布鞋胶底的颜色标志着你的年级或者班级。我想，如果能把鞋的胶底做成一个包的底部应该会很可爱。是否可以把人们熟知的其他元素也利用到手提袋上，并且能和这个包很搭配呢？我想，虽然有一些元素不是特别惹人喜欢，但它们却充满了回忆，并且成为我们的情感依赖。具有这些元素的设计会重新成为时尚。于是，我在包的边缘上增加了一个织物标签，就和胶底鞋上的标签一模一样。

当你选择比较中意的包时，你会选择和你以前穿了很久的胶底鞋一样的颜色吗？

有趣的是，当你把包放在地板上时，就感觉好像你有了三条腿。

Things that everyone knows and couldn’t care less about have value

每个人都忽视的却是有价值的

东京的新建筑如雨后春笋般拔地而起。正在建设中的建筑成了城市中的一道风景。新的高楼可以被迅速地矗立起来，而不会破坏其周围的环境和建筑，甚至在工程机械不能进入的小巷子里也是如此。基于第二次世界大战以来日本人重建繁荣的经验，这种技艺已经成为日本人最为擅长的。

可以公平地说，日本本地居民每天都会看见施工工地。设备和材料被有秩序地运进工地，脚手架也被搭建起来。在这些建筑的前方，覆盖着安全网，这些网会一直保留到建筑完成，所以你是看不见建筑立面的。无数巨大的、方形的“穿着衣服”的建筑在城市中随处可见。建筑用的安全网有四种颜色：绿色、蓝色、灰色和白色，它们的色调差别非常小，这种可以阻挡风雨、灰尘和噪音的织物也已经是人尽皆知的东西了。

我想，是否可以把这种城市日常风景中的一部分应用到手提袋上，我使用这种材料设计了一个小手提袋。如果你不告诉人们这个袋子的材料是来自于建筑用的安全网，他们是不会知道的。你很难想象这种漂亮的、充满活力的绿色和蓝色会是布满灰尘的建筑安全网。然而，这种难得一见的连接是很不错的——城市中显著的颜色和材料变成了时尚的手提袋子。把这个手提袋取名为“网篷布手提袋”（Mesh Tarp Tote Bag）是为了表达这个袋子所使用的材料是建筑安全网，是存在于城市风景中的东西，同时这种材料的韧性是可以得到保障的。

大多数人并不会注意到建筑安全网，但是这种每个人都会忽视的东西有时也会变成设计的来源。我们可以感知到以下两点：使用这种人们一点儿也不在意的东西，它越难看，越远离设计，共有的价值就会越多；构成这种价值的事物是共存的。也许，一起经历这些事物就会创造我们之间隐含的连接。

CD 01
SOURCE
VOLUME

A normal shape
正常的形状

和那些试图把产品发布到世界上每一个人面前的品牌不同，PLUS MINUS ZERO（±0）试图重新设计那些在当代已经消逝，或者已经成为礼节性产品的产品，并给它们配以当下先进的功能和技术。这个音箱或者CD收音机，是一个可以放在任何地方用来收听音乐的设备。它那硕大扬声器的立体声部件，现在也变得小巧了；它捕捉到了便利性，并且成为经典。各种各样的音乐存储设备也涌现出来，比如卡式磁带变成了CD，然后是MD、MP3和硬盘。虽然存储设备变了，但是设计依然保持着原样，即它们上面总是闪烁着LED灯。扬声器没有了意义，被扭曲的形状超越了它们自身功能应有的样子。

我认为不只我一个人希望寻找到一个看起来正常一些的音箱。我设计这个，是因为无论一个人的年龄有多大或者性别是什么，无论他们对音乐的品味是怎样的，每个人都想要他们不会厌倦的物品。

我曾想象，CD被吸入扬声器，然后播放出声音的情景。

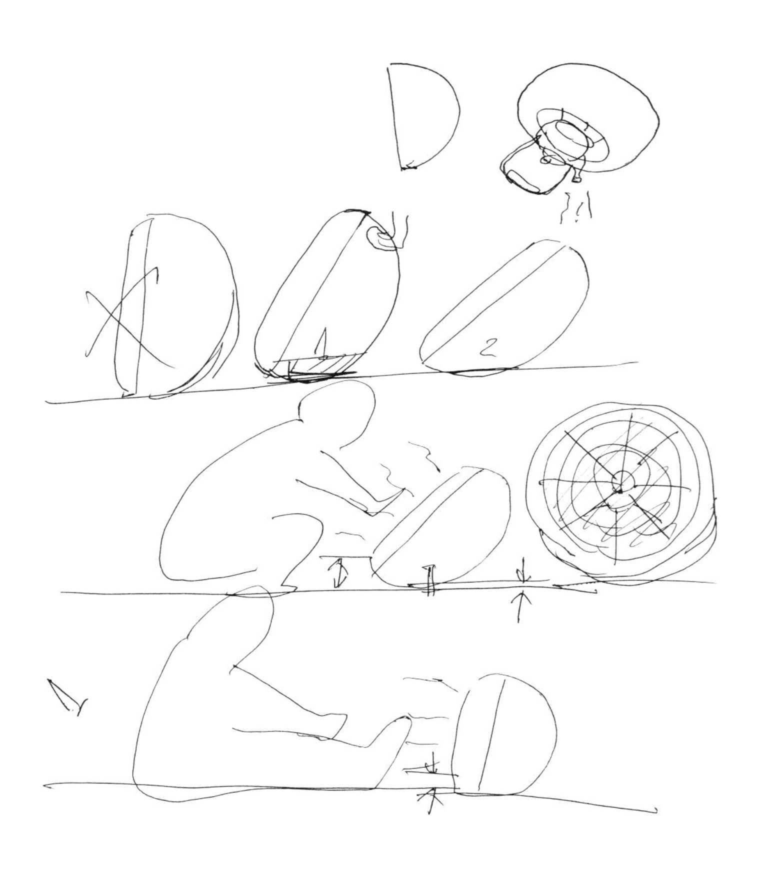

A shape with warmth to it

温暖的外形

我曾经想知道，能够让人们取暖的加热器,如果有一个“温暖”的形状会是什么样子。在过去，日本的房间里没有可以加热整个房间的装置。一个装着灰和木炭的陶制火盆（木炭火盆）摆在人们的膝盖前可以让冰冷的手越来越暖和，它有一个温暖、柔和的形状。当能够加热整个房间的装置被设计出来时，有着温暖形状的木炭火盆就消失了，但能够暖手脚的小的加热用品还存在着，不过它们的特征并不能追溯到人与用品一起相处时的那种温暖的关系，它们现在的样子都给人一种冰冷的感觉。所以，当我设计这个加热器时，我的脑海里有一个类似老式陶制火盆的形象。在表面，我应用了一种被称为“植绒”（flocky　finish）的涂层，有点像纤毛。这种涂层用来减轻你触碰加热器时烫手的感觉，也被用在散发热量的组件和加热装置上，还被用来制作小毛绒玩具和公仔，可能因为它会让人想起毛茸茸的小动物。

这样就设计出了一个温暖的外形。当原型完成的时候，一个担忧不断困扰着我——因为这款加热器太可爱了，小孩子会不会伸开双手去拥抱它，发生烫伤？因此，我们在开发阶段就暂停了一切工作。还因为我们推测未来加热器会使用稳定的热源，所以我们正在考虑重新开发一款加热器，用一个比较稳定的热源来取代热源设备。

a
b
c
ワンタッチダイヤル
on
off
1
2
3
4
5
6
7
8
9
*
トーン
0
#
キャッチ
再ダイヤル
保留/内線
ゆっくり/登録
音量

Dignified
庄重的

自从手机开始在大众中流行起来，人们对居家和办公电话的兴趣好像就减弱了。由于需求量下降，许多制造商都从这个领域中退出，设计师们也对设计这些电话失去了兴趣，但电话所辐射出来的能量直到现在还没有消失。

这就是为什么我认为庄重的设计是必需的。一个直立的、适应力强的电话依然是居家和中小型办公室所需要的。

这款电话外形被精心地处理过，没有多余的装饰，把它放在桌子上时是弯曲的样子。

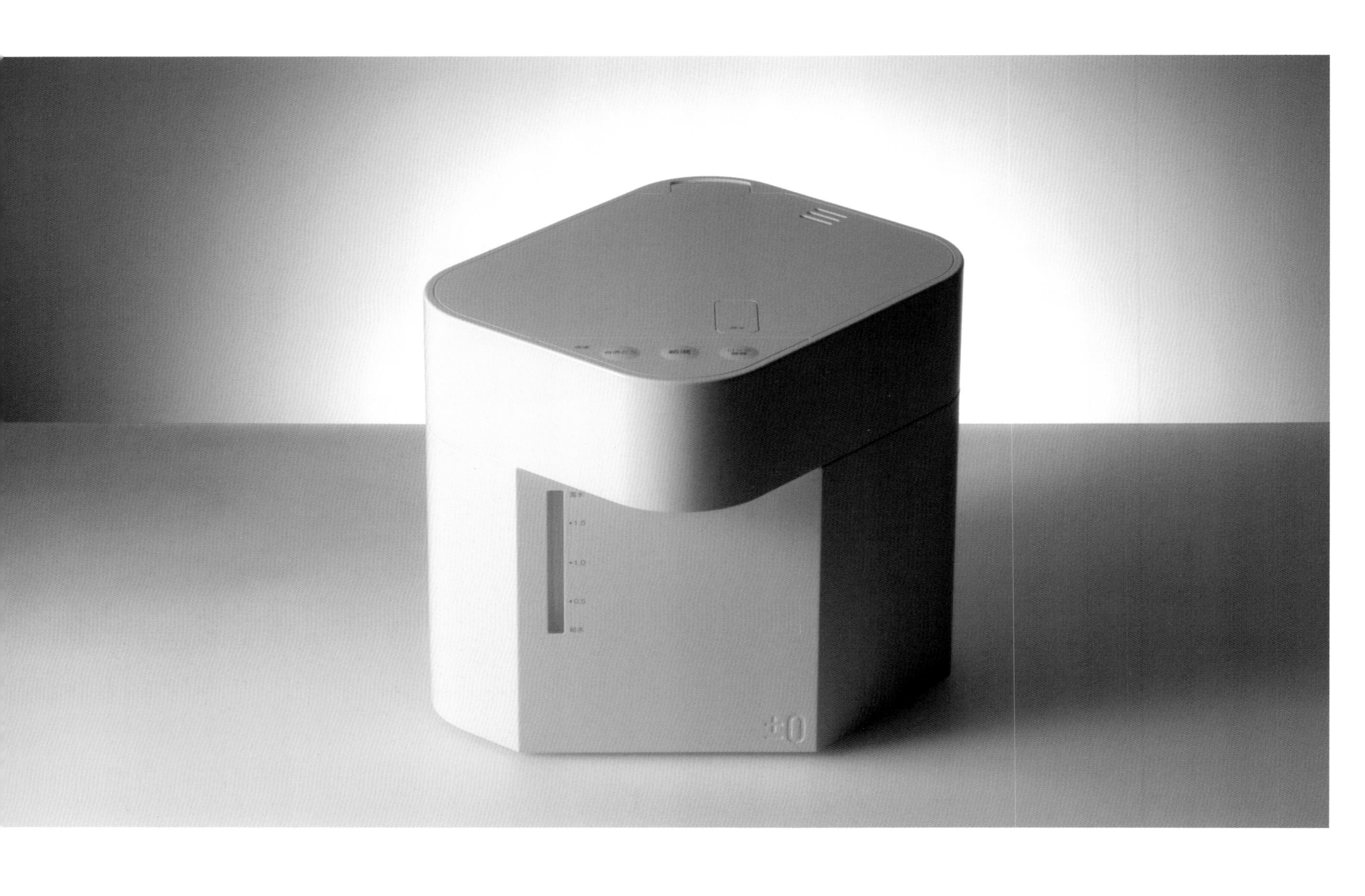
±0

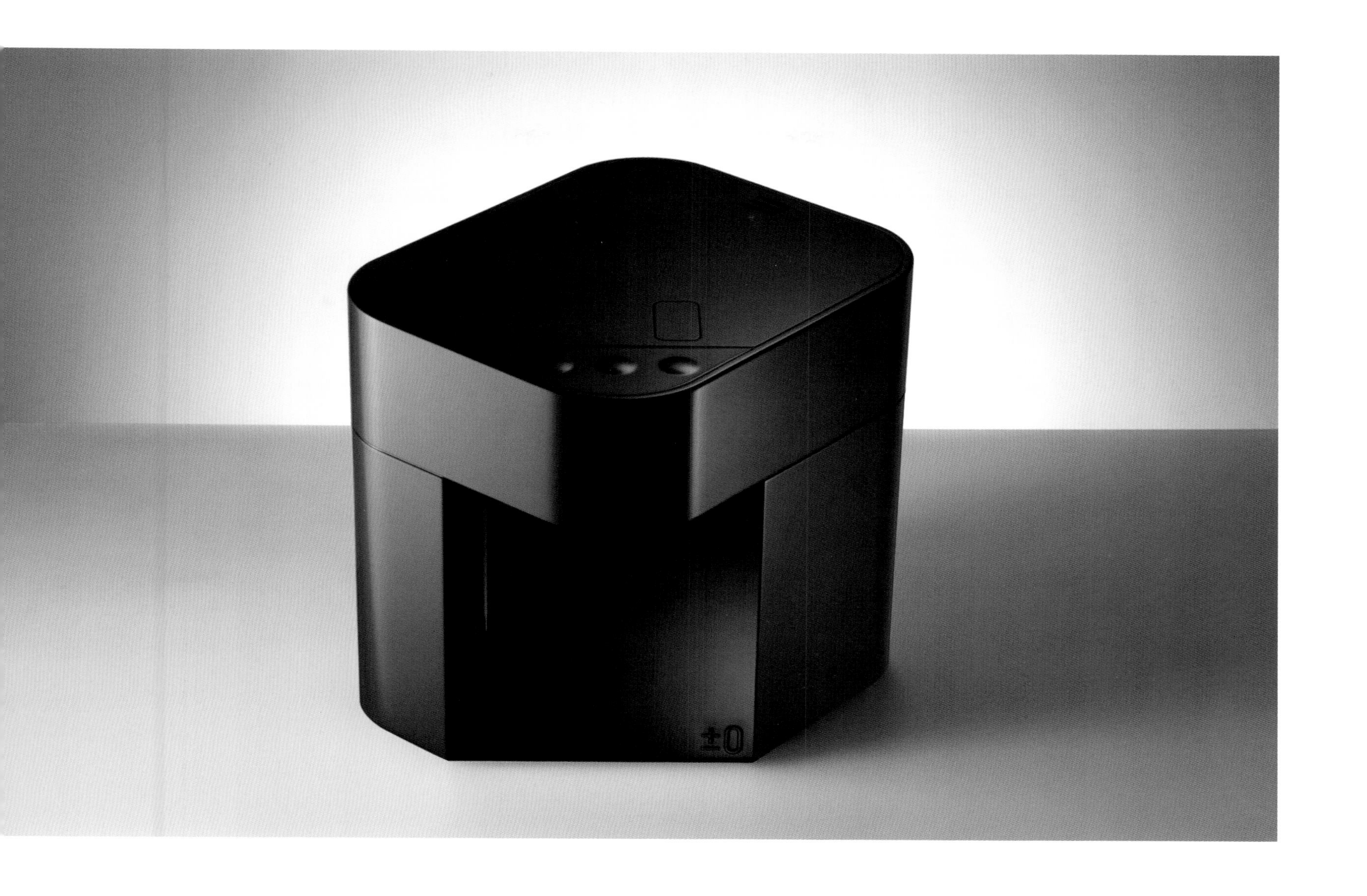

A neutral standpoint

中立的立场

日本的每个家庭都有一台热水饮水机。它可以自动给水加热，然后使水保持在一个设定好的温度，这对日本人喜欢饮茶的文化来说真是如获至宝。尽管茶杯、咖啡杯和茶具都是注重将设计呈现给消费者的物品，但是热水饮水机的复杂程度要比它们高很多。煮水是西方咖啡和茶文化的核心，也是日本的茶、茶汤和面条茶(noodle-tea)的核心。因此，我想它应该需要有一个能与之经常一起使用的物品相适合的外形。

在考虑了物品使用的结构和机制已经被建立起来之后，要设计出一些比最初更新颖的东西的想法就不存在了。这个设计的外观是简单的、中立的、柔和的，方形的角被去掉了，这并不违背常规的结构。我认为这种简洁的设计，对于其他文化来说也是可以接受的。

The shape of imagination

想象的形状

一个积木的形象进入我的脑海。把小圆帽塞进瓶子的圆孔里，就跟漫无目的地搭积木一样有趣儿。把食指伸进方形的瓶子，喷出香水，这包含着触摸和令人莫名美感的几何形式的组合。孩子使用方形的积木来搭建相似的物品，就好像他们碰巧在搭建一个香水瓶，并且意识到它就在这里，仿佛是把想象变成了现实。

PERFUME BOTTLE ISSEY MIYAKE
香水瓶

Affinity
亲和力

椅子是用来坐的，但是你也可能会把脱下的衣服放在上面，把杂志堆放在上面，还会把茶托盘搁在上面。在卧室里的椅子，不论它的外形是否与其他房间的椅子一样，都会被当作卧室样摆件的方式使用。

这是一把普通的椅子，它靠着床。椅背的外形与床头一样。虽然椅背的角度与床头的一样，但并不意味着它必须要和床摆成一排。如果把它和床排在一起，它就成了床边桌。

Jolting the memory
激活记忆

哆啦A梦是日本最著名的动画形象之一，是一个被所有人都喜欢的国家英雄。有人说哆啦A梦是一个长得像猫的机器人，但他的体型介于猫和熊之间。他非常可爱，并因其胆小、和善和强烈的正义感而深受喜爱。他如此受欢迎的原因之一是他的口袋里有各种各样的道具，包括像手电筒一样的“缩小灯”，用它照到的东西都会变小；“翻译魔芋”，吃了它，你就能理解任何语言；像呼啦圈的“穿透环”，把它放在墙上，你就可以穿到墙另一边。所有这些道具的样子似乎都与人们的渴求相匹配，因此你自己也会大笑起来。特别是“任意门”，通过它，你可以穿越时空，前往你所希望去的任何地方，这是一个令人垂涎的道具，也是与哆啦A梦联系最紧密的。

在发行哆啦A梦的杂志《我是哆啦A梦》时，小学馆出版社（ShogakuKan）联系了各类艺术家并委托他们创作纸质的艺术作品，然后把这些作品都放到杂志中。一个非常顽皮的想法进入了我的脑海，我想，如果把我们日常所见的紧急出口标志用哆啦A梦来替代，会发生什么。我在一个非常陈旧的建筑里找到一扇用作火灾疏散的沉重钢门和一个老式的紧急出口标志，其中还有一盏荧光灯。由于我们在日常环境中经常看见它们，因此并不会很仔细地观察，我想即使把紧急出口标志上的小绿人换成哆啦A梦，人们也可能意识不到。有趣的是，紧急出口变成了“任意门”，这是一个激活文化记忆的顽皮设计。

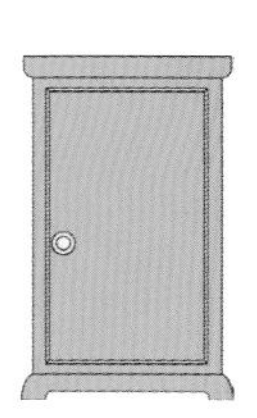

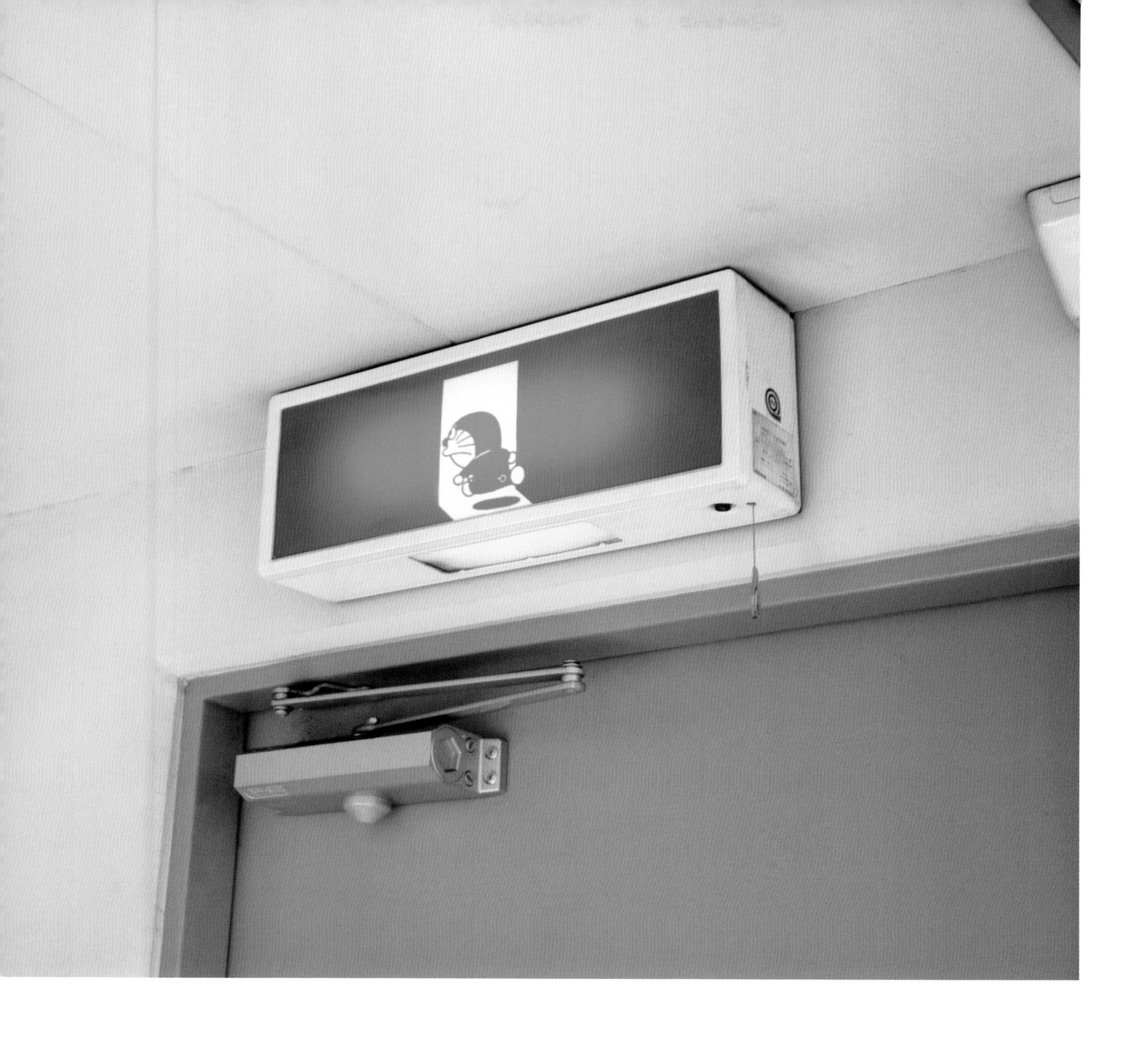

DORAEMON EMERGENCY EXIT LIGHT
哆啦A梦紧急出口灯

Rousing the five senses

唤醒五感

我和平面设计师、艺术总监原研哉一起去吃寿司，他像往常一样开门见山，问我从他正在筹划的“触觉”展览中想到些什么。原研哉是一位平面设计师，他注重视觉信息。他正在思考一个已经存在于世界上的沟通概念，即人是通过五感或者比这更多的东西来认识自己的。他在很多场合扮演Takeo纸业展览总监的角色。这一次，他追求的是通过人的感觉和感知来捕获主题，而不是通过观看外观和外部肌理。

“触觉”（haptic）的意思是“触感，与触觉有关的”。通常来说，在虚拟现实里所研究的与原研哉试图想捕捉到的“触觉”是不同的，它是一种正处在发展之中的方式，即通过声音和视觉信息来传达触摸的感觉，比如情侣们可以通过网络感受到手牵手的感觉。当你想到这种不真实的世界将会在未来实现时，你会认为：“哦，太棒了……这正是我们需要的！”技术的确正以一种以实用为导向的方式发展，远程进行精确的外科手术已经不是件新鲜事。但有一个值得思考才能做出定论的问题，它会被用来行善还是作恶。

Juice skin
果汁皮肤

当我在思考哪些物品与纸有一种明显的连接时，纸质的饮料包装进入了我的脑海。轻薄、冰凉、表面沁着水珠、那种握着液体的冰爽感觉，与饮料的味道一起构成了一个集合。水果的皮肤以及果汁也是这个集合的一部分，皮肤里包含了水果的味道和口感。我认为这个传达了味道是由触觉所产生的设计，适合这个展览的主题。在典型的利乐包装外观里有一个是八角形的、外面覆盖了香蕉的图案，这是我设计的一个香蕉味牛奶的包装盒。由此开始，我还设计了豆浆、桃汁、草莓汁和奇异果果汁的外包装。豆浆包装的表面看上去很像是豆腐的肌理，奇异果果汁和桃汁的包装，表面都有一层水果皮肤上的绒毛；草莓汁的包装则内嵌着小种子。

它们都看起来很奇怪，但却产生了很多有趣的发现。我们知道，我们每天无意识所接触到东西的感觉是来自于它们已经存在于记忆中的味道；通过一种极致的方式唤醒我们所没有意识到的感觉，就可以创造出淘气的设计。对于这些看上去有一点儿怪怪的果汁包装，如果里面的果汁口味不错，它们就会让你难以忘怀，爱不释手。如果只是有水果的形状，你并不会说那个水果看上去不错。有时候，它们看上去也会让人倒胃口。

JUICE SKIN 'HAPTIC', TAKEO PAPER SHOW 2004
果汁皮肤

Thinking about Naoto Fukasawa
关于深泽直人

ANTONY GORMIEY
安东尼·格姆雷

上：克里斯汀·迪奥大楼，东京，Kazuyo Sejima 与Ryue Nishizawa一同拍摄
中：托德斯大楼，东京，Toyo Ito拍摄
下：表参道之丘，东京，Tadao Ando拍摄

当想到设计时，那些争夺我们注意力、相互竞争的物品，一个比一个夺目、闪耀和张扬，而谦逊、沉着的深泽直人的作品，却散发着一种冷静而镇定的平静之感。我想谈一谈这是如何产生的，深泽直人究竟是一位怎样的设计师。

我和深泽直人是在三年前的一个秋天认识的，地点在东京。当你从林立着伊东丰雄、妹岛和世和安藤忠雄设计的著名建筑街道，以及范思哲和路易威登商业中心的涩谷，来到人行道两旁只有一些小商店的原宿时，会有种不同寻常地向着本土过渡的感觉，城市的肌理变得愈加亲密了。深泽直人和他的工作室就坐落在这样一个令人舒适的环境中。他的工作室在一个四层楼高、外面有着钢质楼梯的建筑中，每一层都有一个前门可以与外界相通。

“无意识设计”，作为一种设计理念，它的名字来自于深泽直人的项目。“无意识设计”实际上被放置在了一个令人沉思的空间之中，这个空间有着明亮的房间、洁净的地板、白色的桌子，许多显示器和纸笔。

深泽直人设计办公室，入口和工作区，东京

从深泽直人设计办公室拍摄的猫街（Cat Street）街景，涩谷，东京

“做与得”系列照片的一部分，理查德·温特沃什拍摄，1978年

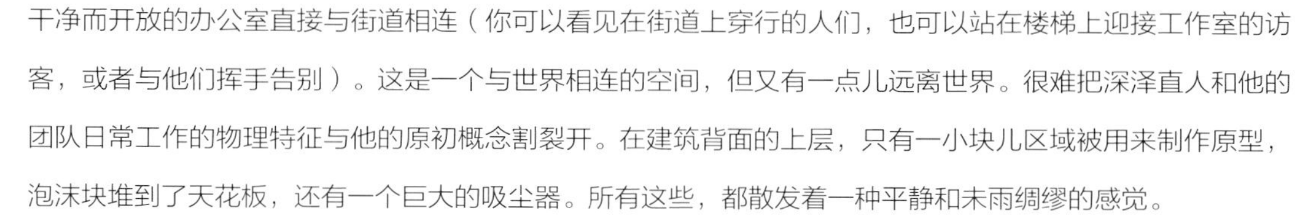

干净而开放的办公室直接与街道相连（你可以看见在街道上穿行的人们，也可以站在楼梯上迎接工作室的访客，或者与他们挥手告别）。这是一个与世界相连的空间，但又有一点儿远离世界。很难把深泽直人和他的团队日常工作的物理特征与他的原初概念割裂开。在建筑背面的上层，只有一小块儿区域被用来制作原型，泡沫块堆到了天花板，还有一个巨大的吸尘器。所有这些，都散发着一种平静和未雨绸缪的感觉。

深泽直人是一个中等身材的男人，脑袋略大，手略小。他与一群充满活力、乐于参与、值得尊重，并且具有革命精神的设计师们一起工作。他说话非常快，但是会留很久的停顿，这可能是为笑声而准备的，他非常喜欢笑。我记得很清楚，我们谈论了世界上日常的事物，探讨了理查德 · 温特沃什(Richard Went-worth)的作品和他的“做与得”的系列照片以及那些日常即兴创作的探索，用鞋子撑开一扇窗户，或者用一个纸板箱和一把扫帚摆出一个可以停车的空间，这些都是人们在与事物的潜意识沟通。我清晰地记得，从他的工作室走去PLUS MINUS ONE（±0）店的漂亮的街道上，我们讨论了都市生活的内在联系是透过街边挂着电线的高大树木表现出来的，它们实际都在地震区，看上去就像雕塑。店在一楼，临街，里面有许多人和少量展示在简洁货架上的物品。人们看上去很舒适，就像在自己的家里，也好像是在一座庙宇里，正在尝试着恢复与失去了很久的东西之间的关系。

电极和电力线，东京

±0店，东京

我回想起第一次见到深泽直人的作品，它以令人舒适的方式在世界万物中拥有了自己的位置。深泽直人一直致力于通过日本人所特有的方式来表达。我并不能将其作品从日本人成为地球村公民的重要参照点的方式中分离出来，在这个地球村中，人们都越来越关心个体的状况。深泽直人提供了一种当代的感性，一种仪式感，一种个人与世界之间的平衡，它来自于日本人意识的最深处。

加湿器: P76

打印机: P16

LED手表: P26

一个明亮的、被压扁的、足球大小的球体，上面是一个凹面，下面是凸起的碗，这像一个正在吮吸自己的水果。在上部凹面的底下有一个环，好像这个奇怪的水果曾经附着在它的母体上的脐眼，从它里面会涌现看不见的气流——这就是深泽直人的加湿器。它如此快乐地悬浮着，像一个从地板、书架、桌子上飞起来的飞碟。

这款白色的打印机，很像长在枝干上的富勒（Bucky Fuller）创造的Dymaxion房子。在这个设计里，枝干是从白色的废纸篓里长出来的，标志着瞬间即逝的打印输出，这在数字时代仍然是无处不在的。

一个在尼龙带上的聚碳酸酯矩形，在需要的时候，它就会显示时间，平时就像库布里克导演的电影《2001太空漫游》里面的那个谜一般的石板。

深泽直人所创造的物的世界，平衡了许多对立面：它是乌托邦的，却又承认日常生活是混乱的，它体现了完美而确定的形式，也体现了材料的可塑性和突变；它是永恒的，也是当代的，它有着一种被其固有的色彩所掩饰了的纯粹；它有一种有机的感觉，却又能被批量生产。它是安静的，但又内生喜悦而变得阳光。它没有任何的多余，非常简朴，但感觉却能够与奢侈品比肩。这些设计都是非常深泽直人化的，同时它们又显得有些谦逊。深泽直人非常高兴可以给每一个人分享他的设计理念，尤其是年轻的设计师们。他工作起来是很严肃的，但同时也有点儿幽默。他所设计的产品总体上有着清晰的结构，但在功能和形式上又有多种形态。这些对立面的最终和解，归功于东方式的内外部氛围的平衡感，它被置入在了与全球资本相关联的服务品牌之中，它因与当下消费和欲求扩张之间的不平衡和忧虑，而显得独具特色。

你可能会说，在纯艺术和应用艺术之间，在艺术和工艺品之间，后者让生活更简洁，而前者让生活更复杂。但是深泽直人的作品，则混淆了这些区别。他所设计的物品都是改善生活的，但又有一些微妙的变化和差异，带有明显的愉悦和幽默，很难不把他的作品当作艺术品。

深泽直人作品的基本假设是，世界上的人造物也是生物圈的自然延伸。地球上精致的生命之肤，是地核里炙热的无机矿物世界和精确构成我们大气的气体世界之间的交界面。他的作品暗示了扩展着人类生活的物品和工具，这些物品和工具是自然链条里的一部分。他告诉我们，我们所触及的物品都是身体的延伸：肥皂、骨头、硬币、门廊、雨伞、椅子和火车上的把手。他不认为无生命的物是不能赋予生命的，他也不接受在我们文化中的视觉霸权。他认为，使用价值比影像价值更重要。这使得他的作品看上去就像未经设计的，是人类需求的自然结果。深泽直人并不害怕审视前台的垃圾桶，并不害怕审视围绕着人体的亲密区域，因为它们表达了我们持续的需求。在这个被衣食住行的生存需求所支配着的，品牌商家们在其中为了控制和权利而战的区域里，他给出了一些反身性条件。

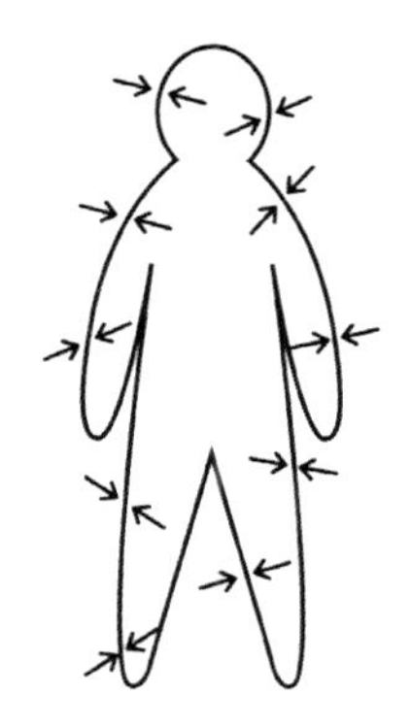
设计的轮廓: P8

环境决定行为: P11

深泽直人的“无意识设计”设计理念是指作品必须具有“不需要思考就知道”的直觉。一个手柄的感觉，就像手指在茶杯的手柄上探索，发现它是弯弯曲曲的。在平衡或探索之中，在外部刺激行为决定和内部格式塔感觉之间的有限区域里，来刻画项目。他是一位大众观察官，在身体的内在感觉和可支配的有机世界之间的交界面上开展工作。他的作品传达出一种感觉，它们自身就是新的因果概念的一部分。在这种因果概念中，产品的创新过程很少是神的启示或者非凡直觉的结果，更多的是吸收了日常生活的节律和仪式的顶峰，必要性和形式感都从中产生，也有一种感觉，在这种懒人态度的组合之中，“不要做太多”。这种态度与一种绝对的注意力结合在一起，不仅要审视环境所造就的物品，也要审视我们在其中的编排。

通过这些，深泽直人发现可以将一个与另一个融合，比如纸奶盒可以刚好被围栏支撑着。他观察着人们行为的方式，人们可以在风中得到庇护之处，人们可以放置雨伞的地方，人们在等待巴士时支撑自己的方式；人们脱下他们的外套，摘下眼镜之后，搁置它们的地方。他理解人类的行为会自然地找出物体之间的便利，以及它们可以产生关联的机会。这种能量的轨迹是内外部世界之间连续性的证据：物成为环境，就会让我们产生舒适、平静和顺心的感觉；物的本身也表达了舒适、平静和顺心的感觉。

深泽直人认为世界上所有的物都是已经存在着的——它们是已经定义了的物种和谱系，我们并不需要制造新的东西；基本需求的表达和案例已经过剩，更需要的应该是发现可以让人类行为更舒适的基本功能特征。他所接受的是类型学，并尽力去揭示那些已经存在的形式。

从1999年起，深泽直人都会组织一年一度的“无意识设计”工作坊，设计师们可以在一起审视世界，发现如何去设计物品，以具化我们与它们之间的关系，它们可能是金钱、把手或是早餐。对围绕在人们生活中关系紧密的物体进行幽默地探索，这非常像诺姆·乔姆斯基（Noam Chomsky）在我们使用（或者被使用）的语法中所探索的：语言的内在结构具有生物倾向。乔姆斯基告诉了我们日常事物作用于另一事物的方式。在工作坊的实验中，通常采用事物所支撑的东西的形式来表达，所以盘子会采用一片面包的形状；或者相反，被支撑的物品具有所支撑物品的形式。例如，一片奶酪需要与奶酪相同大小的包装，就像一片切片面包一样。这种在工作坊中的调查方式和支持生活的意义，探索了新的创新模型，它与天分相关性不大，而更多是关注人们的行为，并将之注入物质和物体之中，而设计则从生活的观察中涌现了出来。

傍晚，我静静地坐在这儿。我听到汽车的声音、鸟的叫声，看到了霭霭暮光；在一个房间中，光透过窗户照射进来；我感受到我坐着的椅子，它粗糙的麻布套紧靠着我背部的皮肤；我意识到我的呼吸，口中的唾液；意识到脚下的泥土或地板，意识到我背后的泥土；我意识到自己体内的空间和压力；我意识到知觉的大陆，夹杂着快乐和痛苦；我意识到我的运动鞋鞋带的收缩和穿过后脑勺的一股热流。我意识到有一种潜能，我脱下衬衫，感到身体右侧的皮肤产生了微弱的电流，就像太阳的热量穿过窗户。这一连续的感觉、印象、知觉和神经活动，使我可以在意识和无意识之间穿一根注意力之线：我关注着心跳，让身体放松，行为开始自主，思维和知觉出现。感觉是个内外部世界啮合并穿过皮肤界限的连续体。空中的飞机、腋下的痒痒，是身体知觉的时间流中两个可感知的干扰（就像在水里画线），是没有模样、没有表面、没有障碍、没有疆界、没有内外部对抗的相互作用；如果我接受这个木筏，并给它以纯然的注意，就不会存在物品的特权或者层次了。

深泽直人的作品就源自这种在感知世界中的非利用之感，试图将现象优先于光学，将体验置于首位，倾听着隐藏的电流，流动在人类行为中所创造的渴求；或者识别着世界上早已存在之物的未知欲求，这些物可以自己唤起需求。

带有圆盘的灯:P78

设计代表意志的行使。设计某个事物，就是希望行使一种影响以便于控制。深泽直人对控制并没有兴趣，他仅仅想通过对人们行为的观察发现一种自然得出的形式，就像底部带有圆盘的台灯，台灯底盘可以放一副眼镜、糖果、避孕套，换句话说就是圆盘中可以放口袋里的东西。口袋里的东西，除了日常物品（钥匙、硬币、药片、钱包）以外的东西才是允许日常能量交换、可以流动的物质触媒。清空床头灯下方的口袋，是将黑暗变成光明，从不确定到确定的主题化时刻，这种时刻就像我们开始了另一段旅程，或是进入了黑夜和我们自己的潜意识世界中。

伞: P224

另一个例子是雨伞，伞把上有一个轻微的凹陷，购物的塑料袋可以非常容易地挂在上面。雨伞是一种手持的保障，也是一种支撑。在不同的情境中，它可以被当作一把拐杖或是一个武器；一个小小的勺形缺口对购物的人来说，就变成类似带有钩子的自行车了。这个有缺口的伞标示着人们在等待巴士的时刻并不想把塑料袋放下，因为重新整理袋子里物品的顺序很难——罐头和马铃薯要放在底部，怕挤压的鸡蛋和西红柿要放在顶部，他们并不想放松袋子，让顺序变乱。现在能帮助到你的工具就在手边，伞把上的缺口可以承受重量。

发热的毛毡毯 ±0, 2003

CD播放器: P18

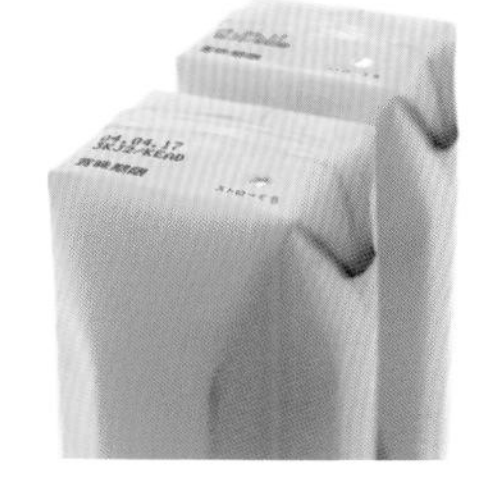

水果皮肤: P113

这种对生活中支撑者与被支撑者关系的物的可供性的灵敏度，是深泽直人所有作品中的黄金法则。带有脊柱轮廓的椅子，放在地板上可以坐的、被加热到人体温度的毛毡毯，一个框着CD的CD播放器，一盏A4纸形状的灯。深泽直人所接受的在世界中、源自世界、经由世界的那部分经验，也是对当代材料和方法的接受。尽管他的愿望是不把任何非必要的东西放入到设计成品中，但它仍然是非常高完成度的、优雅的、完整的，允许它在同一时刻既可以是满的也可以是空的；可以体现自己的物的材料都是非常现代的、人造的、演化来的、批量生产的。亚克力和塑料被应用于注塑成型的高级制造过程之中，钢则由高强度压力锻造而成。这些材质都是浑然天成的、显得高档的、也被认为是普遍的。拿起深泽直人设计的电话，颜色丰富，就像乐高的模型玩具。它也有清晰的结构：凸起、夸大、亚克力的按钮、开关功能最大的表面，数字和字符按键非常好地匹配着金属边框，就像一个液晶屏。这是一款非常熟识又非常现代的手机，非常适合拿在手里，光洁的表面就像一把古老的手斧。

深泽直人的设计审视着人们的行为。与我的设计截然相反，我会考虑单个主体的内在条件。然而，我们两个都在测试皮肤、自我和世界的边界。床（1980-1）是我试图描述的一个地方，即身体处在维系着它的物质之中。房间（1980）是一个由衣服构成的建筑空间，它定义了身体亲密的区域。这两个设计都表达了同样的道理，即支撑者和被支撑者。这是一个交换的过程，身体与世界发生交换，身体沉入世界，食物随之而来。就像现实中，我们提供给别人需要的才能获取我们想要的。你可以说我的砌块作品（Blockworks）（2001-6）试图通过建筑语言来描述身体的内在空间和状况。在深泽直人的作品里也有类似被容器所包含着的替代品，比如一个看上去像香蕉的香蕉饮料包装盒。

“领域”（Domains）（1999—2006）是另外一种尝试，它暗示了身体的内在空间是与外部相连的，它否定了皮肤并将内部空间的衔接像植物般开放和有机，它是一个能量矩阵。

床，安东尼·格姆雷，1980-1，面包和蜡制作而成

房间，安东尼·格姆雷，1980，
使用鞋、袜子、木头、裤子、夹克、衬衫、套头衫制作而成

沉淀 II，砌块系列的一部分，安东尼·格姆雷，2004，低碳钢制成

我的作品试图使用外部组织的语言描述内部的状态，并且允许通过皮肤转移，同时使它们变得透明可感知。这也是深泽直人认同的物的表面的绝对性。我对这个有限区域也非常感兴趣，世界的日常事物都穿过它们自己的边界。我想，这种产生了日常感觉和意识的企图，是我对深泽直人设计有共鸣的部分原因。

20世纪70年代中期，我做了一系列试验。对一把烹饪用的叉子和一把园艺用的叉子，勺子和铲子，剃刀和锄头，梳子和耙子等等进行比较。这些东西彰显出人类行为是有连续谱系的，在身体中存在着肌肉记忆，照料土地和护理身体都使用了必然行为的感知。深泽直人似乎认为所有的设计都是这些必然行为的客观表达，一个运作良好的设计应该能够满足无意识的渴求或者我们会重复需要的事物的需求。从哲学角度来讲，他沉浸在佛学的忘我，或者我执的观点中，即“自我拥有固有的形式是不可能的，因为它既不能完全相同，也不能被形式化。”因此，形式不是自我，自我并不能固有地存在于形式之中，形式也不固有地存在于自我之中。[1]

深泽直人告诉我们，自我是由环境提供给我们的可供性所创造的空间，环境就是我们自己，我们不可能从其中分离。自我应该是意志、意识或者无意识动机创造出来的，并且存在于围绕着我们客观相关性（聚集并制作物品）的中心虚空之中。

[1] 月称大师（Chandrakirti）对龙树菩萨（Nagarjuna）的《中庸之道》（*Middle Way*）的评注，*Selflessness of the Person*的第三部分，143-4，*Echoes of Voidness*中引用过，由Wisdom出版，萨默维尔，美国，1986， P78。

领域 XXXIX，系列作品之一，安东尼·格姆雷，2004，不锈钢制成

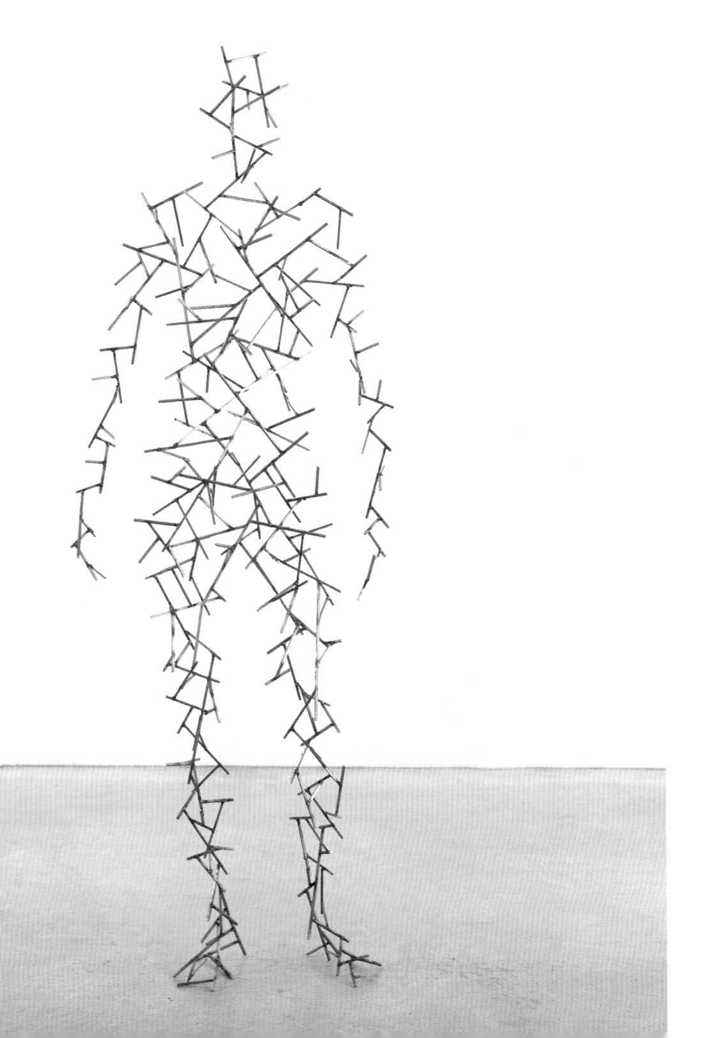

吃饭的叉子和园艺叉子，安东尼·格姆雷，1970

深泽直人作品的吸引力有一部分来自于一个事实，即他有一个形状库，这是对重复需求反复练习的积累。他认为物是哑的，并插入了行为的库，以同样的方式保留了行为的记忆以及活动的邀请。他坚称："设计以行为残影的方式丰富了我们的生活（在身体擦肩而过之后留下的形状）"，它不是"房间里静止的装饰"。深泽直人认可病理学以及物的感伤，他认为二者分别是愿望的库和所达成的行动的库。这是一面自我的必然空间的镜子，这面镜子接纳了人类行为的多样性，在人与物之间达成了完美和谐（就像是他放的）。

我的作品的中心问题是找到这个难题的解决方案。我们的身体空间是虚无的，客观世界是在主观意识中产生的，或者说外部世界是我们内在意识的投影。你可能会说这是一个哲学问题，但它也是一个设计问题。如果我们认为人类所创造的、在所继承的地球之外的世界是客观思想的存在；如果思维是感觉的自反面，如果感觉是体验的原发之处，那么设计和艺术就有相同的责任去解释和共建人类历程。

勺子和铲子，安东尼·格姆雷，1970

梳子和耙子，安东尼·格姆雷，1970

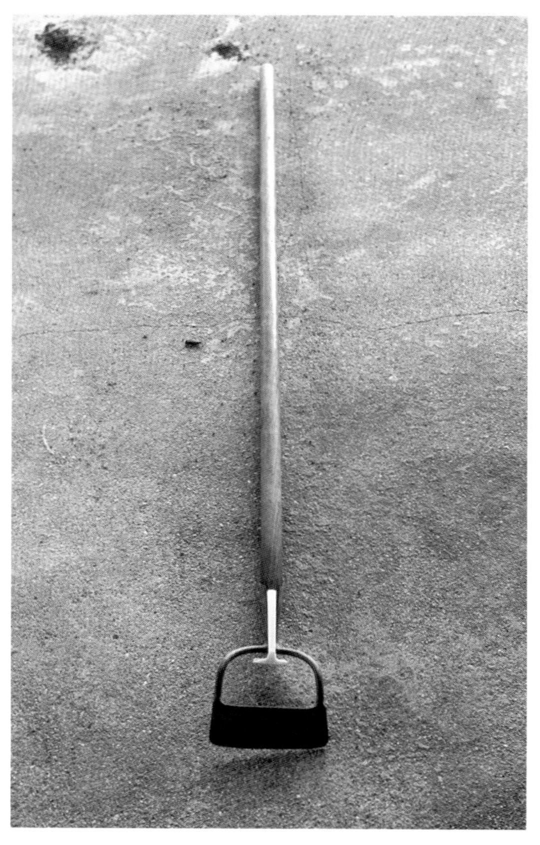

剃刀和锄头，安东尼·格姆雷，1970

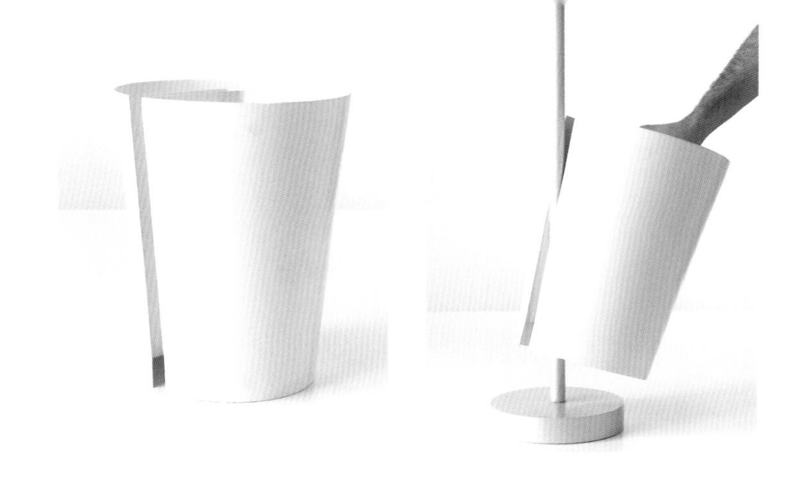

Just what you've been searching for

正是你所寻找的

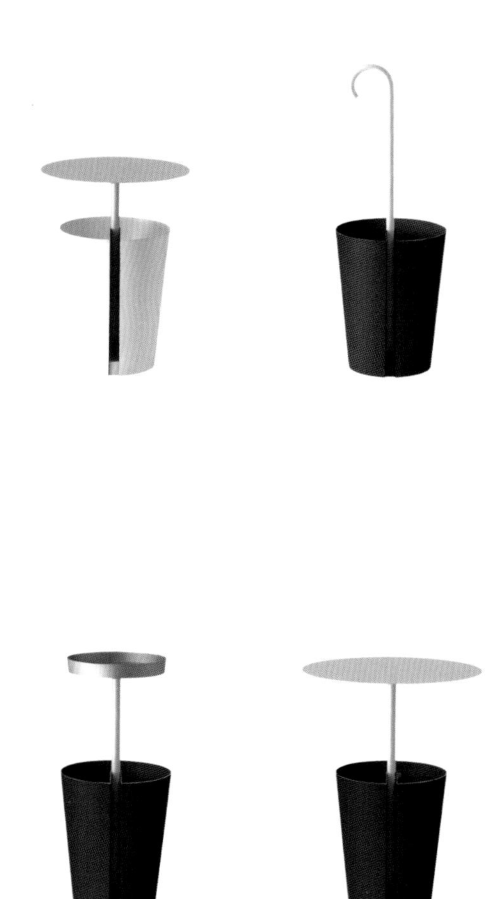

全球顶尖家具品牌DANESE一直致力于创造卓越设计的家居用品。设计师们认真地思考并设计那些可以弥补生活中裂缝的便利物品，那些并不归属于任何特定品类的产品。在你知道它之前，它就在那里——这是深谋远虑的表现，也是被赋予形式的事物的价值所在。

卡洛塔·毕维莱卡（Carlotta de Bevilacqua）创建了DANESE品牌，她说她喜欢将新技术和创新整合到日常物品中。我们追求这样的理念，即把事物系统化，让一个物品可以成为一个设计系列的核心点。

这个系统的灵感核心源自一个可以弥补裂缝的产品，即名为"Bincan"的垃圾桶，当你需要它的时候，其意义就凸显出来了。寻找垃圾桶时，尤其是当手上拿着一团球状的垃圾时，你环顾四周，先看桌子下面，然后看房间的角落。这个小垃圾桶总是与其他物品附着在一起，它依偎着桌子腿，和落地灯一起靠在房间的角落，亦或在入门大厅挨着衣帽架。圆筒也会被用作雨伞架，所以能把它和这些东西设计在一起是很有意思的。此外，我还在垃圾桶的中央留了一道缝儿。

Somewhere over there…

那边的某个地方……

在这盏灯的薄壁中装有用来压重的铁粉。你可以把这盏灯的光的方向朝向任何你喜欢的角度。铁粉像碗里的汤，双手抱住，它就会自己移动。这盏灯可以照亮墙和天花板，它并不仅仅可以固定在某个位置上。围绕着“那边的某个地方”运动的感觉，就设计成它现在这样的外观和摇摆运动的样子。

WAN YAMAGIWA
碗灯

Being middle of the road
中庸特质

倾斜呈一个角度，它就变成一盏工作灯；垂直竖立，它就成了一盏台灯或者给房间营造出一种环境光；水平放置，它就伪装成了氛围灯。它的功能会随着它的角度变化而变化。这盏灯的“中庸”天性和它不同的功能，是其突出的特点。

为了清晰地指明“直立”和“倾斜”，我使用了一种像被拉长了的长条形状。在长条的一个角上，我安置了一个摆式铰链。我想，如果看不到铰链的话，就会感觉很奇怪，就像仅仅靠一个角就可以达到平衡。长条可以在倾斜着的角度保持静止，这给人留下很深刻的印象。

这是一盏具有中庸之道的灯，它不适合设置品类；它具备功能性的光和情感化的光两种性质。

HASHI LONG ARTEMIDE
台灯

Communicating not with words, but through design

沟通不用语言，而用设计

2004年5月，我从米兰去B&B在诺韦德拉泰总部的路上收到了罗兰·戈尔拉（Roland Gorla）的邀请，罗兰掌管着B&B的产品研发。他用一种被提升的哲学和意识，将设计师们的想法组织起来以适合B&B的风格，他被称为真正的“大师”。我认为B&B产品的本质存在于它们相互平衡的组成之中。产品的概念并没有被过度展示，它们像一个慷慨的、扁平的表面，增强了宽敞的空间或者广阔的地平线，而不是一个像花一样的装饰房间的物体。罗兰处在一个可以细微地影响设计师们想法的位置，通过他设计的产品也影响了B&B。

研发中心是由伦佐·皮亚诺（Renzo Piano）在1971年至1973年期间设计的，坐落在大楼的背后。我们的谈话一开始进展地很慢，虽然有一个口译员，但没有翻译之前我似乎也能听得懂。我说：“自从我成为一名设计师，我就很向往B&B设计，然而经过了很久的时间才到这里。”他静静地笑着说：“你应该早点来见我们”。我问他我应该设计什么时，他说：“任何东西，设计你喜欢的东西。”项目就这样安静地开始了。

9月份，我拿出两个沙发的方案。我被告知：“我们已经定好下一年的沙发了。你可以设计一个书架吗？”我没有问他们如何看待我的设计，也没有停留在沙发的方案上，转而设计了一个书架，就是“X书架”。后来我才知道，我设计的其中一个沙发在第二年投产了，就是Cloud。

Using something inadvertently

无意中使用到的东西

2004年11月，我去见罗兰，随身带着我的书架方案。恰好B&B的总裁兼CEO乔治·布斯内利（Giorgio Busnelli）和B&B的创始人皮耶罗·布斯内利（Piero Busnelli）也在那里。当我展示我的三个方案时，罗兰说：“我可以说出你最喜欢哪个了，我也已经确定了。”没有任何解释，“X书架”就这样被选中了。

SHELF X B&B ITALIA
X书架

我想设计一个使用超薄材质的书架。我的脑海里出现了一个没有背面的雕像的形象，你可以透过书架上的镂空看到对面。最后，这个X形状的支架成了设计的特征，这个X形状成了可以把书随意撑着的斜坡。书架是属于书的，不光属于实心矩形的书，也属于翻开后书页直立的书。这个书架不能不留空间地塞满书，但是可以在上面随便地放置一本。书架也可以被当作划分区域的隔断使用。

“使用类似可丽耐（Corian）的材质应该是个好主意。”罗兰说。它的特性之一是与其他物质结合后抛光，结合缝儿会消失，我认为它像被大理石原石雕刻出来的。书架是石块所剩下的薄薄的部分，并且会产生工厂制造出来的产品所不可能达到的效果。当我说：“用‘泰姬陵’做名字如何？”罗兰只是微笑着点头。我提议这个名字是因为在我20岁去印度时，对泰姬陵的镂空设计甚是喜爱。最终，书架被命名为“X书架”。尽管我觉得泰姬陵也是一个好名字……

一年之后，我设计了一个小一点的书架。我提议叫“斜杠书架”“Y书架”。

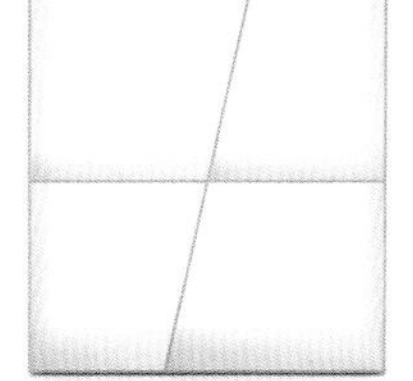

Designing the unexpected
设计出意料之外的

曾经有人问我，是否为B&B设计了许多用于室内装饰的方案，比如，一个花瓶、一个镇纸、一个相框、一个钟表、一个笔盒和一个中心装饰品。我思考过这些东西在生活中的意义是什么。当然，它们必须有个最小的功能来表明它们的存在，我相信在这些功能中包含了一个强烈的感性元素。比如，花瓶一定是一个可以让房间丰饶起来的东西，即使没有插上花（它自身就有价值）。在设计有着感性意义的东西时，我认为准确地查明事物为何存在是非常重要的。也许有时忽视或者回避需求者的期望，基于他们对设计的惯常评价会产生一些具有吸引力的创作。第一次见到某个东西时，有人会问“这是什么？”，这个问题源于固定的概念“它应该是什么？”。像这样的花瓶，它的形状像笔杆，像这样通常概念中的小缺口或者分支，引起了诙谐、顽皮的韵律。我想，这种“回避”——存在于设计之中、意料之外的性质是B&B室内装饰品中必不可少的。

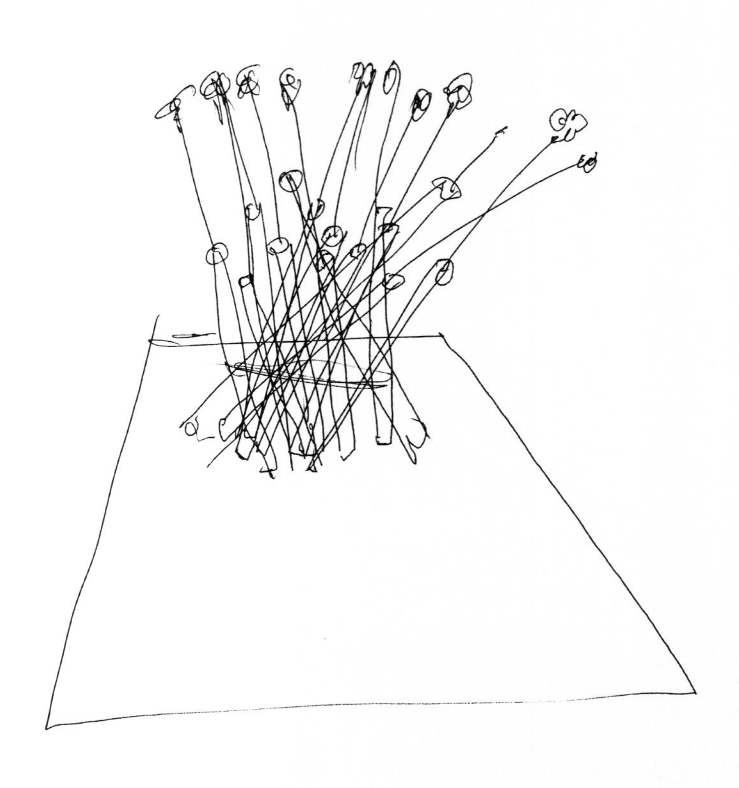

A vase that's been bunched up
像花束一样的花瓶

我想把花瓶设计成像花束一样捆在一起的样子。

BUNCH B&B ITALIA
花瓶

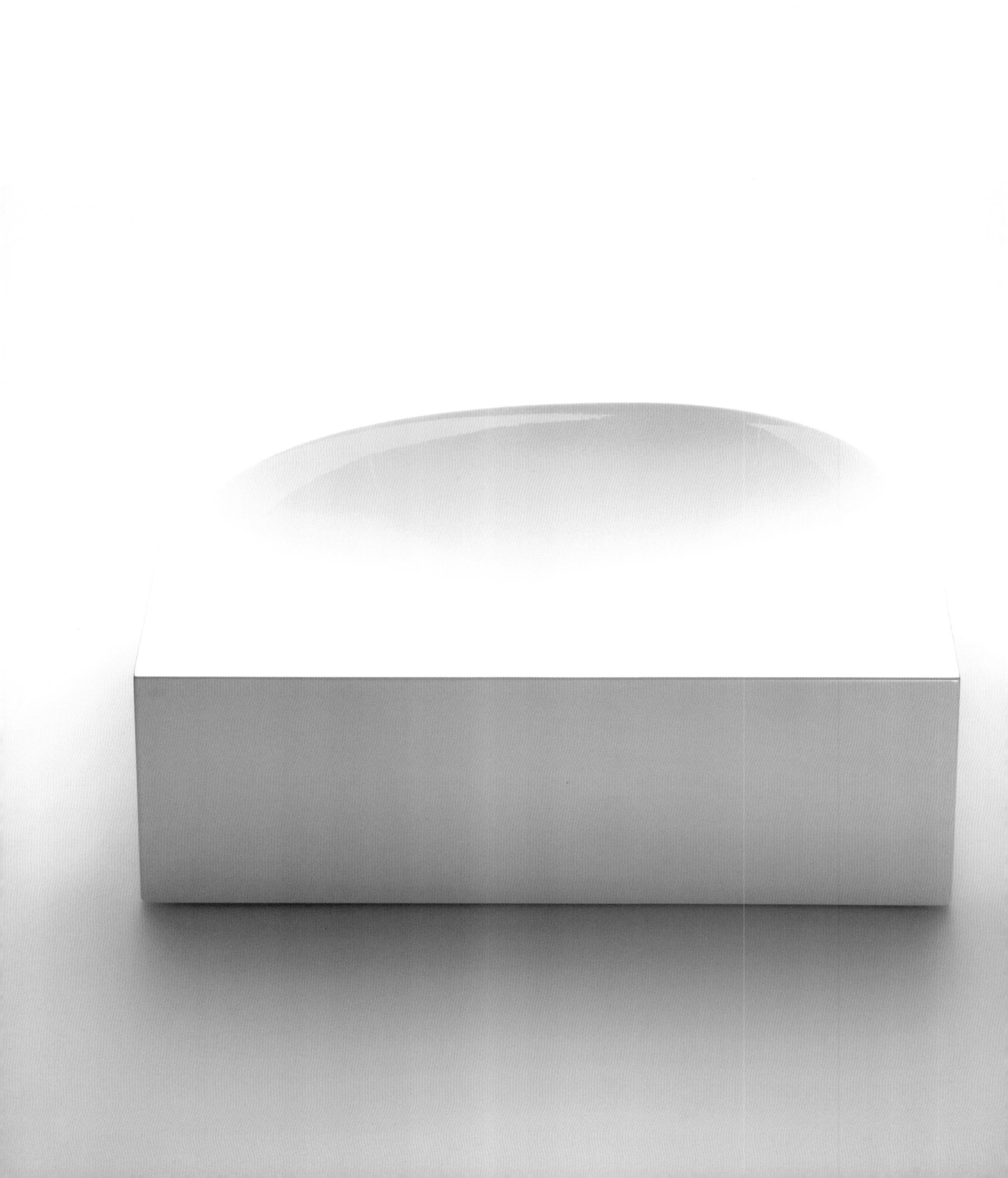

Applications that spring forth

蹦出来的应用

容器的概念一般是指外壁与内壁之间拥有厚度的物体。但当我们创作一个内外不同的东西时，内部的形状不再是一个容器；它的概念被改变了，它变成了一个洞或者凹坑。作为工具的容器概念被弱化，开放的洞或者凹坑可以被用来盛放水果、糖果或者盛水、插花，这些被带入的而非人们有意为之的行为和意识被增强了。在这个案例中，容器和它的内容之间的常规关系，也就是它的储物功能被弱化了，人们开始根据使用容器的地方，为它寻找一个尚未确定的应用。人们通过“我应该在这里面放什么？”或者“这能供应好的关系吗？”这样的问题来确定它的位置，虽然内部的表面是一样的。

It's both the outside *and* the inside

既是外部也是内部

我觉得这个容器像一粒种子，其内部被镌刻得与外部一样。当你把果肉剥开，一颗大粒的种子就显露出来；当你再把种子剥开，我们就看到了种子的内部。果肉是种子的容器，种子也是其内部的容器。我考虑过这种内外部的问题。

首先，我把一个像种子一样的圆形切开，然后分成很多片，我试图做一个矮胖、托盘状的物品。我想，它可以成为装寿司或者奶酪的最佳容器，这是一个关于容器的得体的方案。我决定创作一个圆的、多层的盒子，内部镂空且可以叠放起来。漆器般的肌理使得它成为具有日本特色的容器，但它也可以被看作是一种西方的容器。打开盖子的过程，感觉就像你在偷看一个恐龙蛋的内部。当然，我从没有看到过。

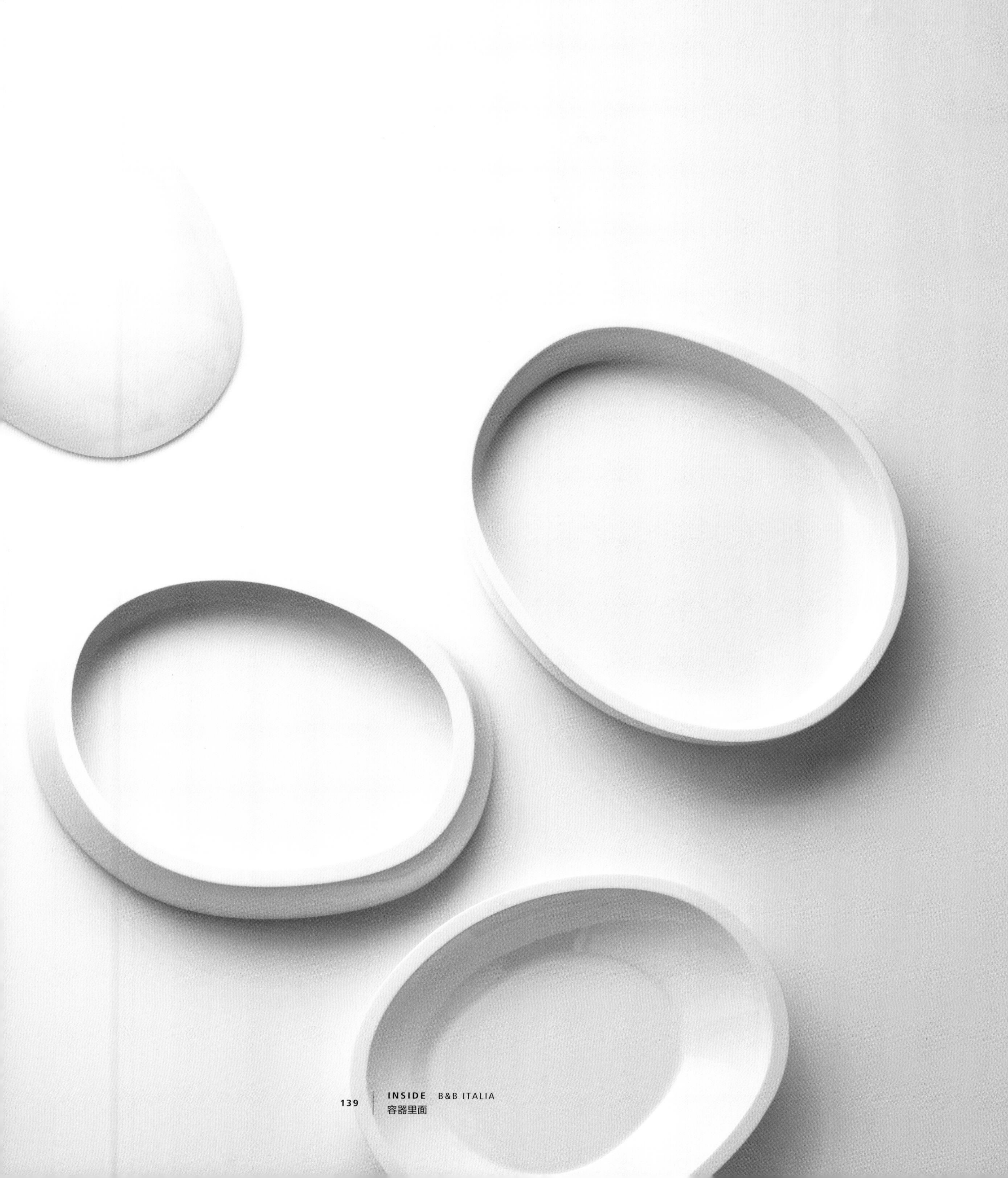

Good disarray
不错的杂乱

笔筒里的笔看起来随意而且混乱。我想设计一种铅笔制成的笔筒，铅笔插入洞中可以呈现出自然扭曲的、圆柱形的造型。笔盒中的钢笔可以以相同的角度按顺序摆放，彼此平行，但我们不能把铅笔沿着笔盒矩形的形状摆放在这个铅笔盒中；在公共场所，我们常常用完手边的钢笔之后随意放回笔盒或者笔筒里。这些笔盒的设计增加了一些淘气的元素，比如轻微自然的扭曲，以契合无意识把笔放下的动作。

我曾建议B&B将其设计的铅笔与笔筒和笔盒一起销售，但这个想法并没有被采纳。

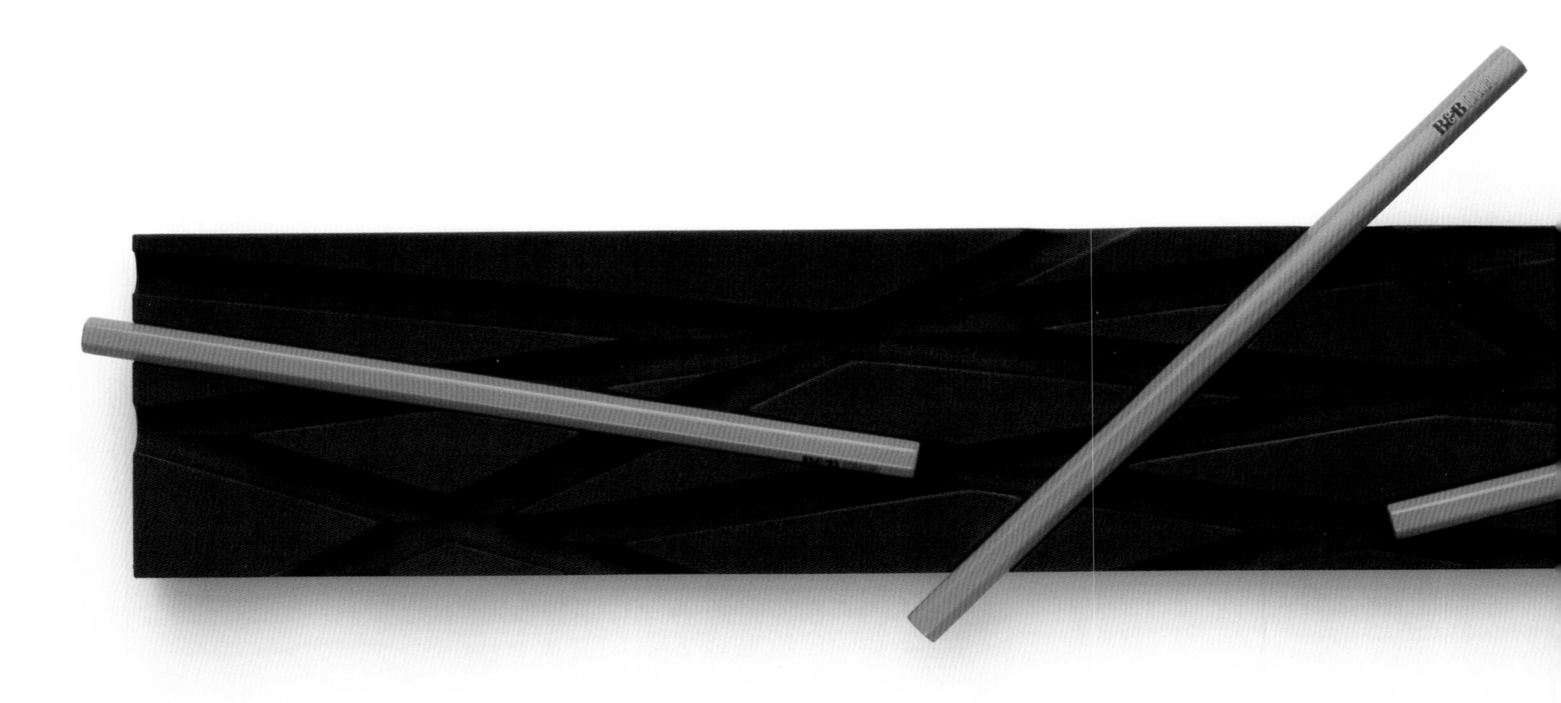

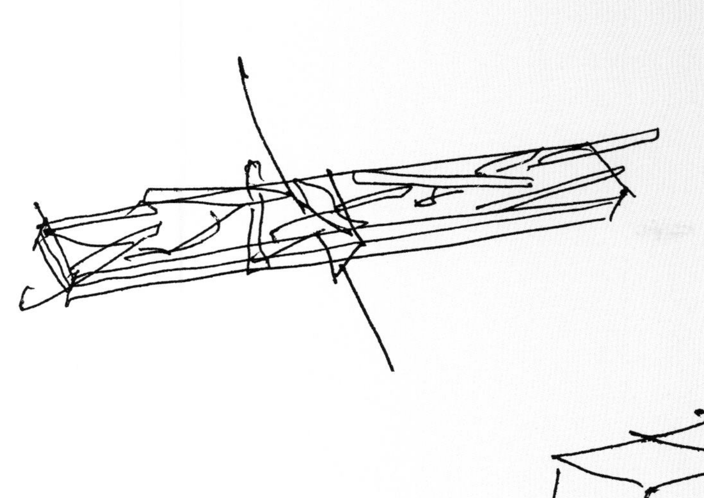

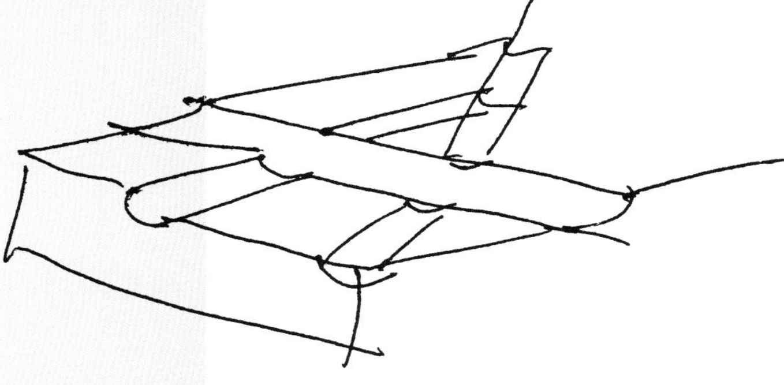

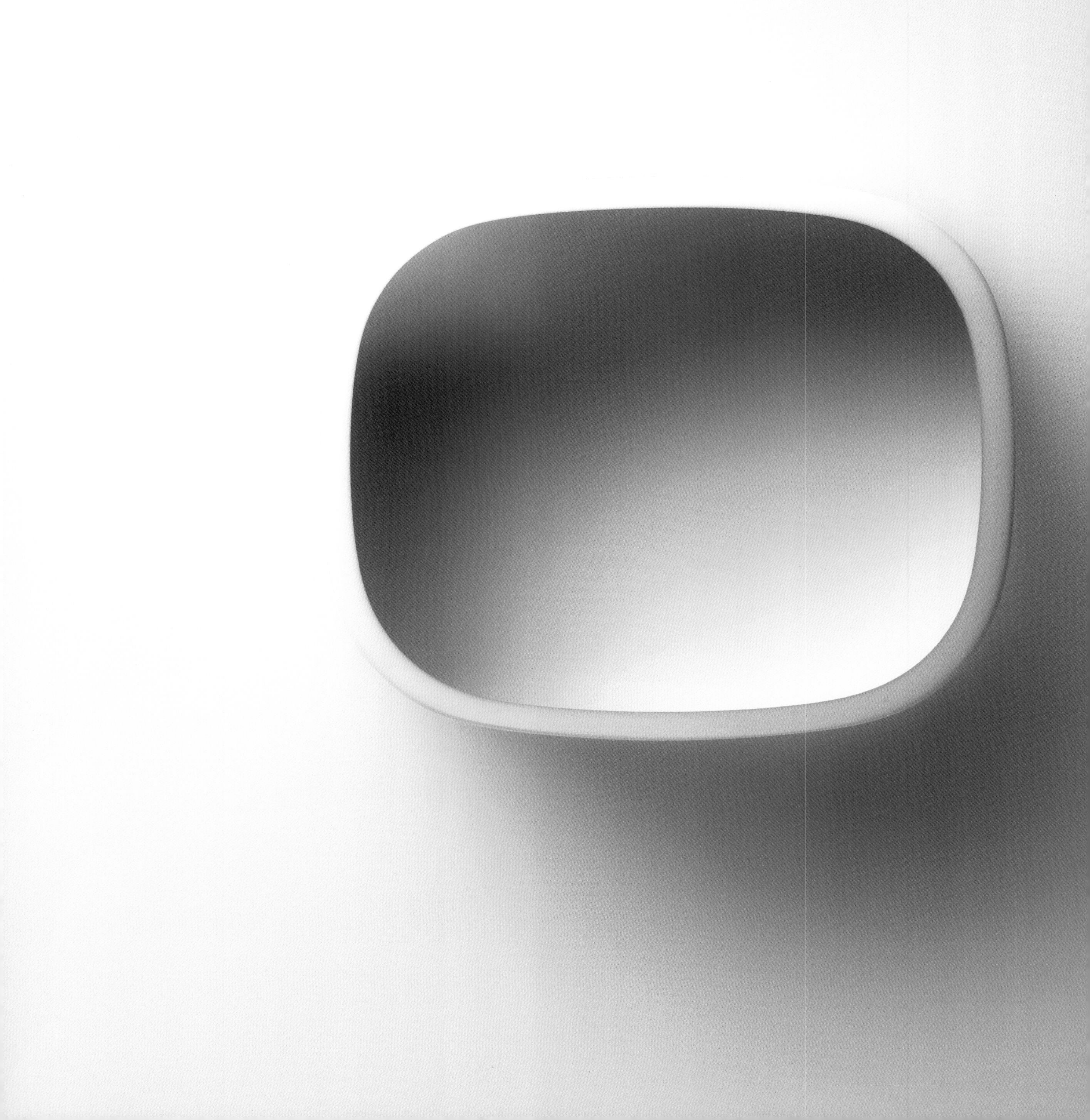

Inaccurate lens
失准的镜头

这是一块镇纸。我想，它应该是一个有重量的物块儿，用类似钠硼解石（Ulexite）作为材料会比较好。但是不可能存在这么大块儿的钠硼解石，况且它也不能被处理和制造。基于某种原因，透过它，纸上的文字或者图片就会被放大，这使我联想到镇纸的形象。外观有圆角的方形，顶部是镜头般的球形，这让我想起印象中的钠硼解石，这种矿物质在日本被称为“电视石”。因为我不会雕刻，所以就请了一位来自意大利穆拉诺（Murano）的玻璃艺术家来帮我塑造它。创作完成的镇纸外观并没有经过光学计算，像一个失去了精度的镜头，或是一台老式电视，它可以放大字母，是一个缺乏强度却有着温和形状的玻璃块。

Fruitless function
徒劳的功能

与一支蜡烛插在一个烛台相比，我觉得更多的烛台和蜡烛会创造另一种美的可能性。与混凝土消波块随机堆列形成的防波堤一样，将一支蜡烛插在一组烛台里是个不错的想法，满溢的烛光温暖而美好。我觉得闲置的烛台不被使用，看上去似乎是一种浪费，但它们却给单支蜡烛的火焰赋予以美。

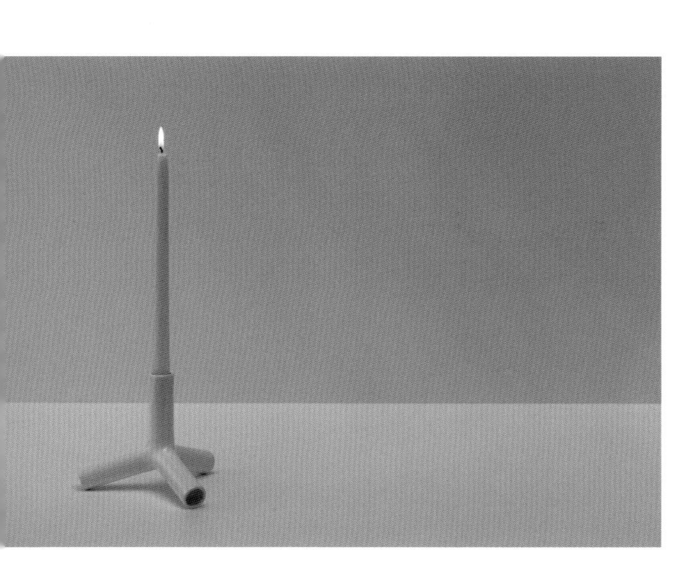

TETRA B&B ITALIA
烛台

Subtle tension

微妙的张力

2005年9月，乔治、罗兰和我一起讨论设计，他俩希望设计一款可以放在大堂、办公环境或者公共空间的长椅，罗兰带来我一年前的沙发设计方案。我问道："沙发和长椅之间有什么不同？"乔治答道："沙发是软的，你的身体可以陷进去，使人感觉很放松，特别是B&B公司设计的沙发。"这似乎是人人皆知的道理，但我却感觉好像学到了沙发的新定义。在日本，沙发的定义是含糊不清的，人们想到更多的是它的形状，而不是它的硬度或者舒适度。

我对沙发的印象停留在一个巨大的块状物体，所以我想是否可以破除重量感，创造一个不具块状感却有微妙张力的沙发。刚开始设计的草图是一个覆盖在细细的框架上像沙发垫的东西。这个东西稍微偏厚、呈片状，框架上突出的部分有一个受自重而下垂的形状，就像一个挂在晾衣绳上的垫子；垫子自然下垂的四角在表面形成了一种微妙的张力。这种感觉很好，它使你想向后靠进去。从宽敞、单一、不可分割的表面散发出来的张力，就是这个软质长椅设计的本质。

2005年11月，我去看第一个原型。映入眼帘的就是这款表面柔软、宽敞大方的长椅。罗兰和我讨论了一

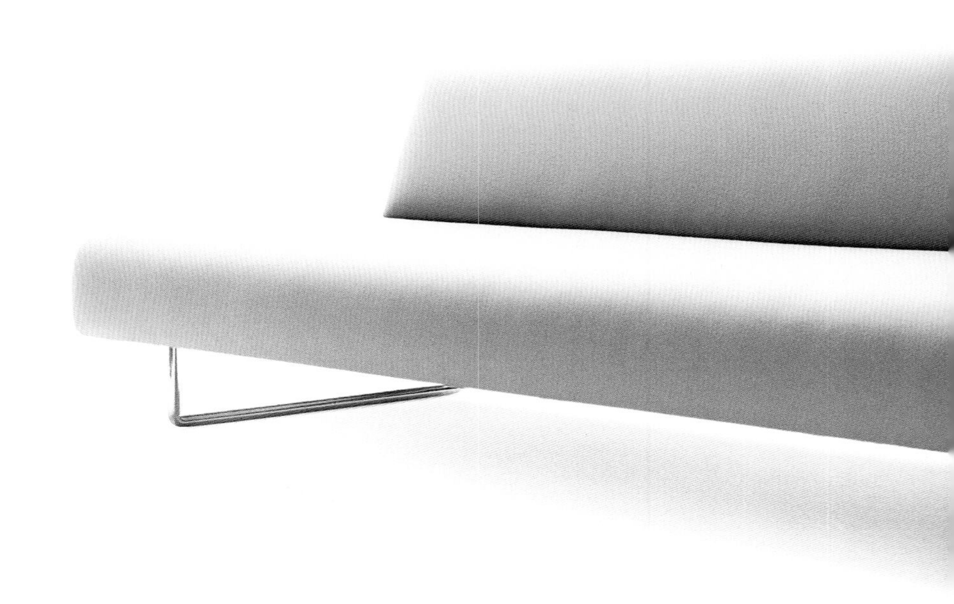

些需要改进的细节，比如鼓起的坐垫，靠背的形状。与此同时，我们也一起分享了彼此的设计理念。敲定细节的时候，罗兰一边站在草图和模型前进行试验、找问题，一边看着我的表情和手势点头。我的这些细节调整的想法被赋予了一个具体的形式，但我感觉这并没有偏离我们思考的方向，因为我们的想法一直是契合的。直到那时，我才感受到那种不言而喻，仅仅通过设计就能进行完美沟通的感觉。

2006年2月，我去看第二个原型。在大厅的尽头，有一个裸露着黄色海绵的长椅。我一看到它，就感觉它太硬也太薄了，没有张力。罗兰微笑着说，“这完全是按照你的设计制作的。”我意识到之前做的调整导致长椅失去了蓬松感和张力，这让我感到一丝气馁。“这个怎么样？”他指着隔断另外一面的一个原型笑着说。也许，他的笑是想传递给我一个惊喜。眼前的这个原型具有梦幻般的做工，表面覆盖着浅灰色的织布，它的比例几乎是完美的。他说：“它只是没有凝胶化，所以我们做了一点儿调整”。这是一个在经验和技术的支持下才得以实现的作品，就像量身定制的。我向那些在背后默默付出的人们致敬，我非常高兴能够和这些人一起创作，如果没有罗兰的帮助，这个设计是不可能达成的。

我决定给它取名“Cloud”。因为那微妙张力的宽大表面就像从飞机上俯视的云海，它有着微弱的阴影以及非常柔软的渐变光。

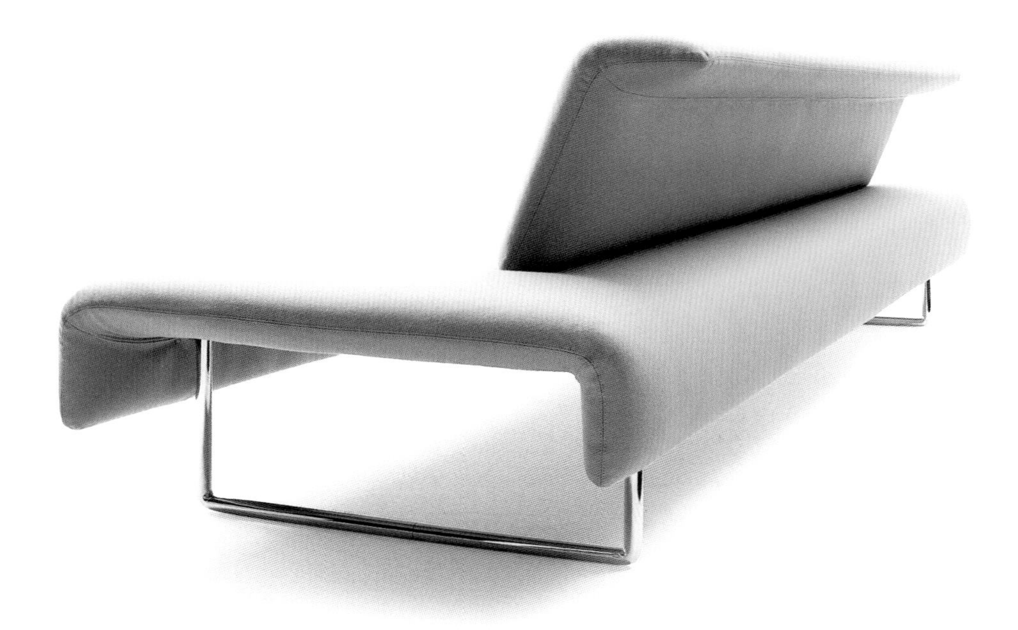

One sheet of material

一片塑料

这盏灯由一片塑料制作而成，采用这样形状的灵感来自于传统的圆锥形灯罩。我设计这盏灯时，只用一条线就画出了它的完整截面。

Tension —'*Hari*'

张力

和DANESE的卡洛塔·毕维莱卡交谈时，我产生一个要制作软垫内衬电脑包的想法，即设计一个包中包以保护电脑。我最终设计了一个微微鼓起的包，它的做工超出我的预想，这得益于高超水平的工匠。在日本，我们使用张力（hari）来描述这个包表面看起来的样子。张力象征着一种精力充沛的生活方式。这款包是一个真正的张力包。

D_BAG DANESE
电脑包

A place where you sit
一个可以坐着的地方

我设计了一个东西，叫做ISHI。它可以让你在艺术博物馆、酒店或者写字楼大堂里坐下来稍事休息。它不是一条长凳，也不是一个沙发，它是我依照一个从河床中捡来的石头形状，把它放大21倍，再在其表面覆上皮革而设计出来的。在峡谷或者海边寻找可以坐下的石头时，人们自然会选择最合适、最适合情境的那一块。这块石头的表面看上去要适合坐着，或者坐在上面可以看见不错的风景。那些棱角分明的石头并不适合做成椅子，而那些被选中的石头仅仅因为其形状适合坐下。我感觉坐在一个石头上比坐在椅子或者沙发上更能够增添人们的好奇心，因为你会觉得自己像一个正在公园里争先恐后玩耍游乐的孩子，正在积极地与岩石进行互动。也许攀爬岩石的确是儿童游戏的延伸，但我感觉，这种吸引力是巨大岩石所固有的。此外，如果人们选择要坐下的岩石软软的，大家都会不经意地露出微笑。

被水冲刷过的石头都会变得圆润光滑，但即使海水也不会翻动如此巨大的石头。ISHI不是一块真正的石头，但它具备了一个岩石形状的概念。没有人会怀疑这一点，人们都会认为它就是一个大岩石，并选择坐上去。

与Driade公司的恩里科·阿斯托里（Enrico Astori）谈论后，我们决定制作一个小点儿版本的ISHI，用布覆盖住它。恩里科每次看到ISHI时，都会笑得像个孩子，并且喊着“这是我最喜欢的东西”。

Craft-like industrial products

工艺品般的工业化产品

日本有一个词“muku”，它有很多种含义。在与人相关的情境中，它的意思是“完美”“纯洁”或者“纯粹”，通常用来形容婴儿或者儿童；用来形容物品时，它的意思是“单一的”“物质的”“表里如一的”，“里面被完全填满物品的”“没有一点儿空间的”或者表示“没有参杂任何东西的固体”“没有作假的东西”的意思。被塑料封塑的干电池或者集成电路就属于这类物品。我想知道它是否可以在设计里表达，这既不是木头也不是石头，是一种从未被触碰过的人造材料的感觉，比如未被触碰过的桌子或者椅子，常规形状的方形原木或者木板的原始感觉。

我是用三种元素来展示人造材料，即“R角”“倾斜度”和“圆榫”。统一的R角不同于那些自然形成的，它强调标准成型品的蓬松度。坚硬的材料，比如红木，通常被用在木质艺术品和雕刻的家具上，一般都是手工制作的；通过做出几何形状R角的圆度，我尝试设计出人造的蓬松感。为了避免在手工制作中产生的边角出现下垂，我选择使用大理石和红木制作夹具，这并不容易。

另外一个元素是“倾斜度”。通常椅子或者桌子的腿是直立的，这样可以形成一个稳固的结构。所有的建筑结构都使用垂直框架作为基础，以抵抗重力。我在办公室后面的停车场看见一根被车撞弯的方形钢柱，那些弯曲的方柱上也有R角。对我而言，它就是不适合垂直景观的人造材料。MUKU家具融合了未被触碰的人造材料的力量感和艺术感。

第三种元素是使用一种不需要切削的木板或者方形原木就可以建造的结构，我们叫圆榫。使用这种结构，方形原木的两端就可以露出来，材料自身的独特性也会凸显出来。我想我创造了一个工业化的工艺品，它利用了人造的，未被处理过的方形原木的自重和强度。

恩里科·阿斯托里经常看着MUKU说，“它就是现代艺术”。为了实现这种质感，他多次前往亚洲选择材料并监督手工工匠的生产工艺。Driade的设计呈现出一种独特的味道，绽放出意大利品牌的光彩。Driade还开设了更多加工车间、改进了研发技术，发布了在工业化商品中不可能实现的具有微妙精细工艺品感觉的设计。

Super Normal
超常规

欧亨尼奥·佩拉扎（Eugenio　Perazza），Magis品牌的创始人。他有一种非凡的嗅觉，可以敏锐地嗅出具有吸引力的产品。每次看模型，他的大脑都飞速运转；有时你还在和他谈论事情，你会感觉他的思维突然飞到九霄云外去了，有时候“走神”非常奏效。他像个孩子，喜欢挑战没人用过的形状和工艺。与他一起创作有很多乐趣。

他通常会毫不犹豫地半路改变产品设计方向，转移到他认为更好的方向上。合作初期，我会有点儿被他遗忘的感觉；但现在，当我想到一个更好的设计方向时，也会与他分享。Magis的产品就是在这样的过程中被创造出来。

Déjà-vu开始原本是为了给家庭办公族设计的一张桌子。我考虑凭借铝质压制的U形管道设计一系列产品，将各种各样的附件都固定在U形槽里。最后，我设计了一把椅子，一张凳子和一个书架，以证明使用U

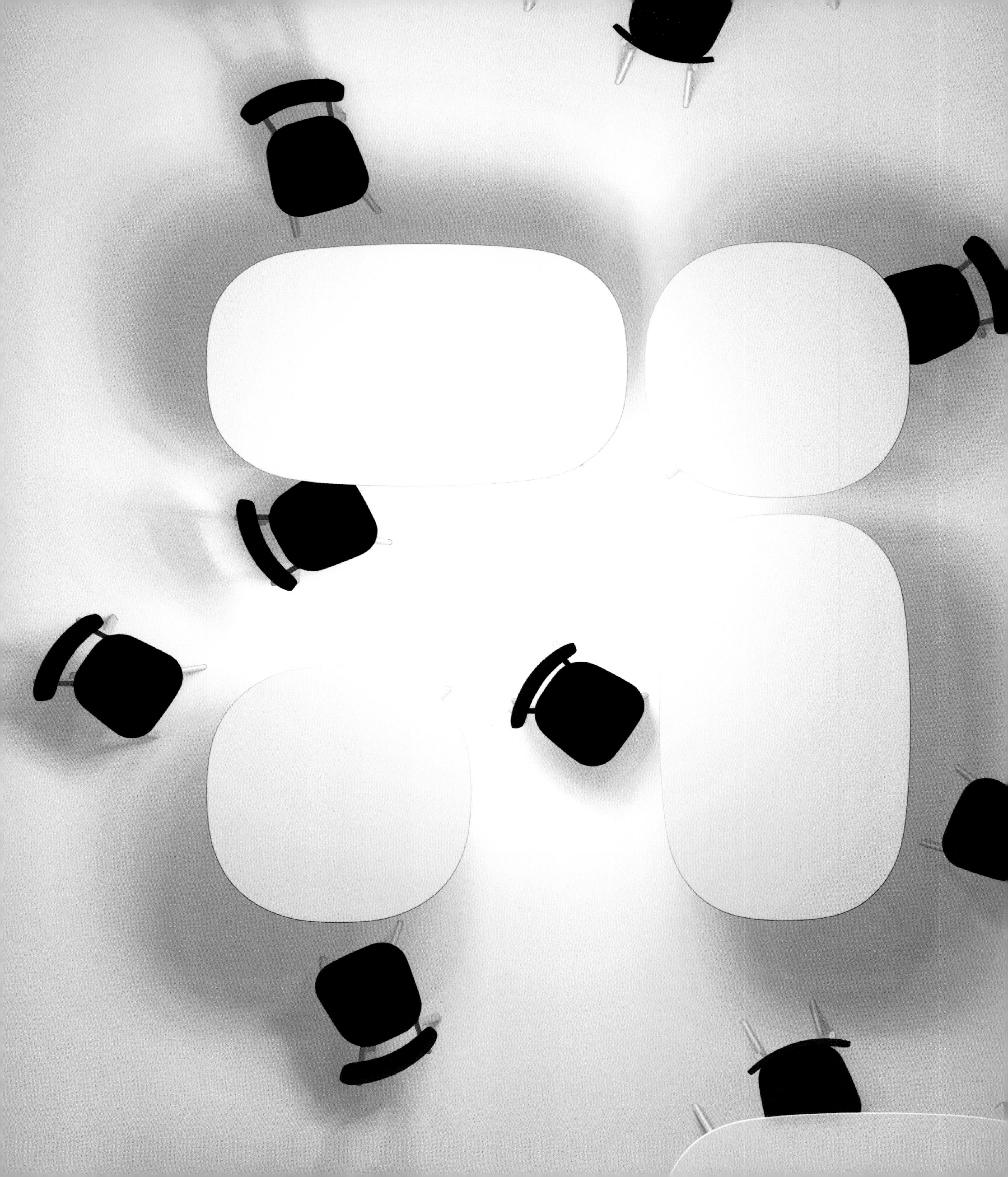

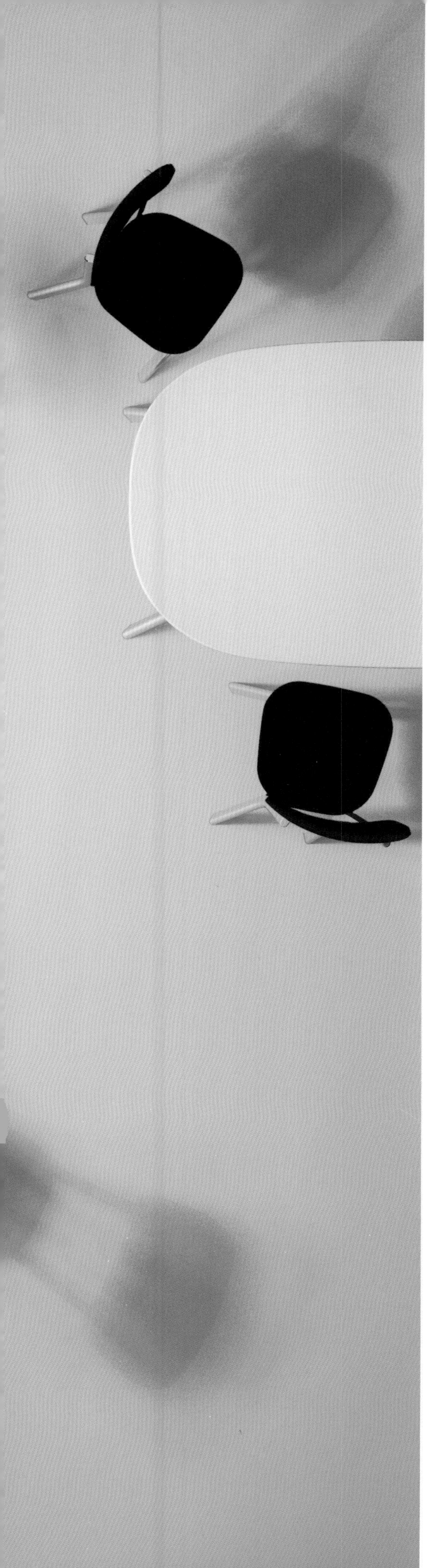

形管道不仅仅可以做出一张桌子，还可以设计出这些物品。在桌子的设计进展到一定程度时，欧亨尼奥突然说："我们做个凳子吧。"而且他建议使用D形管。不可否认，U形管和D形管之间实际并没有太多视觉上的差别，它们都给人一种非常干净的感觉，拉伸的材质也极具吸引力。铝制D形管与经常用在家具设计中的标准圆形和方形原木的品质不同。盯着家具标准中"常规"的不变元素，我预感，如果用铝制D形管取代圆形和方形原木，就会在保持"常规"的前提下创造出新的设计。

看着Déjà-vu凳子的原型，我心想，"它真的是常规的"，它给人一种安全感；"精致"和"刺激"这些词汇并不适合它。

我在2005年米兰家具展上发布了这个凳子，我记得当我看见它被放置在一个展位的角落，被参观者用做休息的凳子，也没有出现在展览展出的文章上时，那种强烈的被冒犯的感觉。也许这个凳子太"普通"了，不足够脱颖而出被放置在展台上。那天晚上，我和贾斯珀·莫里森通了个电话并告诉他这个令人沮丧的情景，他说："你在说什么啊？那才是真正的'不同寻常'！"他后来和无印良品的奥谷隆（Takashi Okutani）针对他为阿莱西（ALESSI）设计的刀具和这把Déjà-vu凳子为例探讨过什么是"不同寻常"。当奥谷隆说："它们就是超常规"，莫里森震惊了。因为他一直在思考给这种隐藏在"不同寻常"背后极具吸引力的设计理念取一个什么名字，奥谷隆脱口而出给了他一个完美的答案。从那时，"超常规"诞生了。这把凳子是他们所讨论的最超常规的设计。

欧亨尼奥并不知道这些，他认为Déjà-vu可能是最适合这把凳子的名字，其实我也这么认为。因为它意味着已经存在于人们记忆中的某个东西，所以欧亨尼奥自己也抓住了超常规的感觉。

2006年，我用D形管设计了一把椅子、一张桌子，还设计了一把座子和靠背都使用织布垫子的椅子。

The chair-like chair in our imaginations

在我们想象中的像椅子的椅子

我想设计一把像椅子的椅子，一张像桌子的桌子，用圆形的长杆做腿，配以方形座位和靠背。但这个“像”仅限于想象中，而且我认为，如何理解它会因人而异。我还想设计那种椅子，人们看到它时会说：“这是一把真正像椅子的椅子”。如果你问人们：“什么是所谓的‘像椅子’”，他们说不出来；但是如果他们看到这把椅子，就会说，“哦，这就是所谓的像椅子”。这种感觉并不是持久的，只会在第一眼看到时出现。

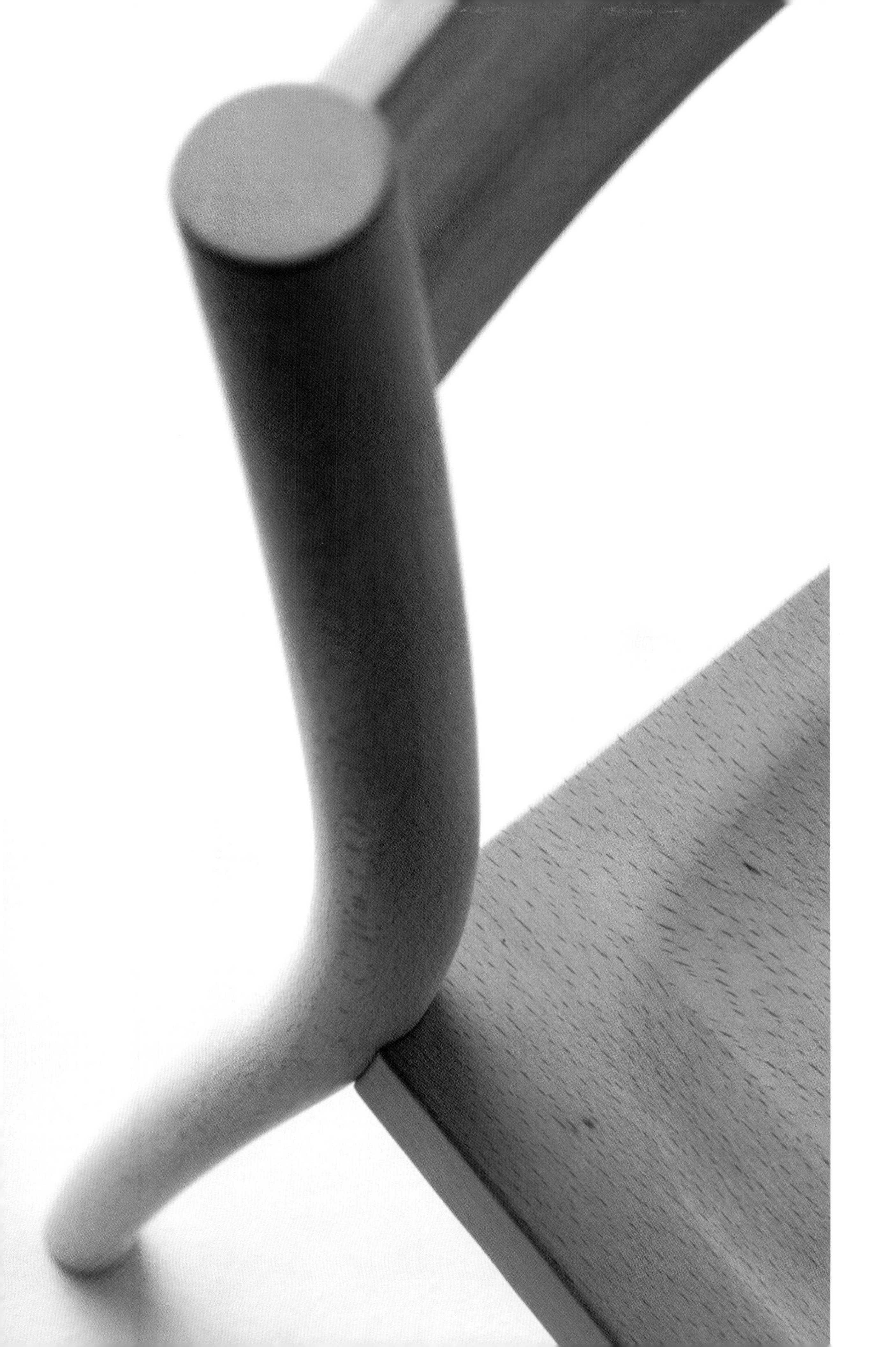

我之所以想设计一把像椅子的椅子，因为我认为在“像椅子”的感觉里，有一种慰藉的元素，也许它是一种怀旧的感觉。设计师和建筑师都至少设计过一把椅子，他们设计的椅子也是他们身份的象征。这些椅子都不能称为“像椅子”，而“像设计它们的人”。所以我认为一把匿名设计的椅子可能会被认为更“像椅子”。我想设计这把椅子的想法，源自一眼看上去就是一把椅子的渴求。做这件事情，可以从“这是一把某某人设计的椅子”的思维定势中挣脱出来。

我在项目课程中考虑另外一件事情，尽管我在设计一把像椅子的椅子，但我也会有意忽视在设计椅子时要平衡外形和框架的常识。实际，圆腿底端的直径比顶端的小了2毫米，但我觉得腿的任何部位的横截面都应该相同。它们也被喷上了漆，但看上去却像没有喷过一样。我想给想象的椅子的形状赋予一个具体的形式，就像使用积木搭建一座房子或者家具。

The Meiji Shrine
明治神宫

BILL MOGGRIDGE
比尔·莫格里奇

在阅读这本书的过程中，你欣赏到了深泽直人的设计，或许你会对美学的美妙和力量背后的东西感到好奇。我认为深泽直人特别的魔力源自他在现代国际化设计领域的专业经验，加上他对日本传统美学的深刻感受。在他带我参观东京神道教的明治神宫（Meiji Shrine）之后，我就更清晰地理解到这一点。明治神宫建于1920年，是为了纪念明治皇帝和他的皇妃——昭宪皇后（Empress Shoken）所建造。我会尝试描述这次参观的经历，希望可以阐释深泽直人作品的深度。

我们在代代木公园（Yoyogi Par）的南门汇合，从原宿站出发。深泽直人在入口处的木头柱子下等待的时候，巨型拱门衬托得他看上去很矮小。他介绍，东京的这个地方对年轻人而言就像磁铁一般极具吸引力。每个周末，公园里都有摇滚乐队表演，乐队沿着人行道排开，他们之间相隔数米，同时演奏时制造出奇怪的杂音与神宫温和的气质产生了戏剧性反差。

深泽直人搂着柱子，似乎要绘制它庄严稳固的力量，随即他指出结构的元素：

> "我喜欢这种非常简洁的结构，它使用了巨大的木头；它非常简单，只有宽阔的水平横梁从两边的楔子伸出。"

我们穿过大门，沿着砾石路走下去，这条路提供了足够的空间让人流可以双向移动。当我们走入林中，转过一个弯后，城市的声音被遮住了，树叶的沙沙声和乌鸦的啼叫声取代了汽车的轰鸣声和喧闹的音乐；再一个转弯之后，主建筑就展现出来，它谦逊而低调，令人惊讶。在进入主建筑之前，我们看见一个装满水的石槽，两边设置了一个小型的结构。水流从竹质喷口中不断流出，从完美石头层阶上溢出，滋润着微微隆起的侧面。我们停下来，从水面上的一个架子拿起木瓢，冲洗我们的手。

“你需要洗净双手，这样可以在见到神的时候保持心灵洁净。虽然你并不能洗净实际的污垢，但这可以净化心灵。这个工具放在水上，这是非常简单的东西，没有可悬挂木瓢的地方，你只是自然地清洗双手，并把木瓢放回这里。”

当我们进入第一个庭院，低矮绿色屋檐的回廊环绕着我们。与其他空间连接的地方叫过道，巧妙迂回，坐落在四合院的正中央。屋顶有一些较高的屋檐，还有隐约可见的雕刻。深泽直人停下来，感受着已经老旧并且有着不规则形状的木制边缘。他解释道：

> “在我们的历史长河中，并没有‘圆角’这个词，古老的日本使用术语‘抛边’。人性化的圆角应该柔软一些，平静而温和，不咄咄逼人。这个建筑上没有刻意使用圆角，但风和时间，以及人手的触摸将角变圆了，所以它并不是真正完美的圆角，而是人为产生的圆角。”

他指着支撑着木头柱子的精巧石头基座，介绍到整个结构都是矗在地面上的，并没有挖到地下的地基。这种极简主义是通过很薄的板材体现出来的，与此形成戏剧化对比的是巨大的木缸。

我们穿过前面开放的低屋檐建筑。建筑正中坐着一位身着白袍的和尚，他几乎一动不动，只有转动的眼睛表明他是个真人。

> “坐在那里的人处在令人难以置信的静止状态。然而，有时静止可以加强动态，非常微弱的运动被静态的环境所衬托，在非常黑暗的房间里穿着白袍，意味着在黑暗和光明之间有点滴光亮。”

一场婚礼正在神宫的主院中进行。新娘身穿白袍，一顶很大的白色帽子遮住了她的容颜。身着白色和红色袍子的女孩为她引路，她在一把红色伞下徐徐前行，跟随在她身后的是一位身着黑色西装的男子。婚礼誓言环节在庭院里的两棵老树之间进行。

深泽直人在神宫的内部密室前致敬、鞠躬、拍了两次手，然后静静地站了一会儿。他解释了神道教的哲学，他崇敬自然和灵魂，不需要形式上的教条。

> “神实际上并没有任何物理的形状和形式。神是空气，也是木头。神道教神宫一向很容易维护，空气或者光线都可以穿过它；然而由于高反差，在你身处其中的时候并看不到，这意味着光线和空气总是处于其中，它们并没有厚重的门或者其他类似的东西，虽然你想看见内容，但你却看不到。”

当我们离开的时候，一位园丁正在用树枝做成的扫帚扫地。他划动扫帚产生的声音与风声、鸟声以及窃窃低语的人声交织在一起。

ISSEY MIYAKE

An obvious idea

显而易见的想法

当我为这款手表想到十二边形玻璃的设计概念时，我很想知道为什么从未有人产生过这种显而易见的想法。当然，有可能也有人有过这种想法，只是我不知道。

三宅一生的形象是简洁而清晰的。表盘被设计成12边形，形成12个顶点，正好代替了手表的12个时间刻度。由于这个原因，十二边形的想法在最小的改动下得以实现。为了达到效果，指针被加粗到了极限，品牌也被设置在圆柱形的表壳上。“Twelve”这个名字也是来自于想法本身。

我还发布了一个有着相同设计的模型，它增加了星期、日期和秒针——三个小圆圈，三个短的表针都被加粗。为什么设计成这样？比如10号，星期四，那么这几个指针整体看上去就像一个悲伤的表情，很有意思。于是，一张像人脸一样的手表就被创造出来了。

The shape vanishes

形状消失

无边框显示，即字母和图片显示在空白的表面。你可以发送文字和图片消息，就像硕大的字母显示在电子广告牌上或者霓虹灯里。如果无边框能够在任何地方播放显示信息，电子设备就会变得更简洁，房屋也可以变成显示屏。我相信显示功能隐藏在所有表面上的时代即将到来，信息将会出乎意料地显示在人们需要的地方。

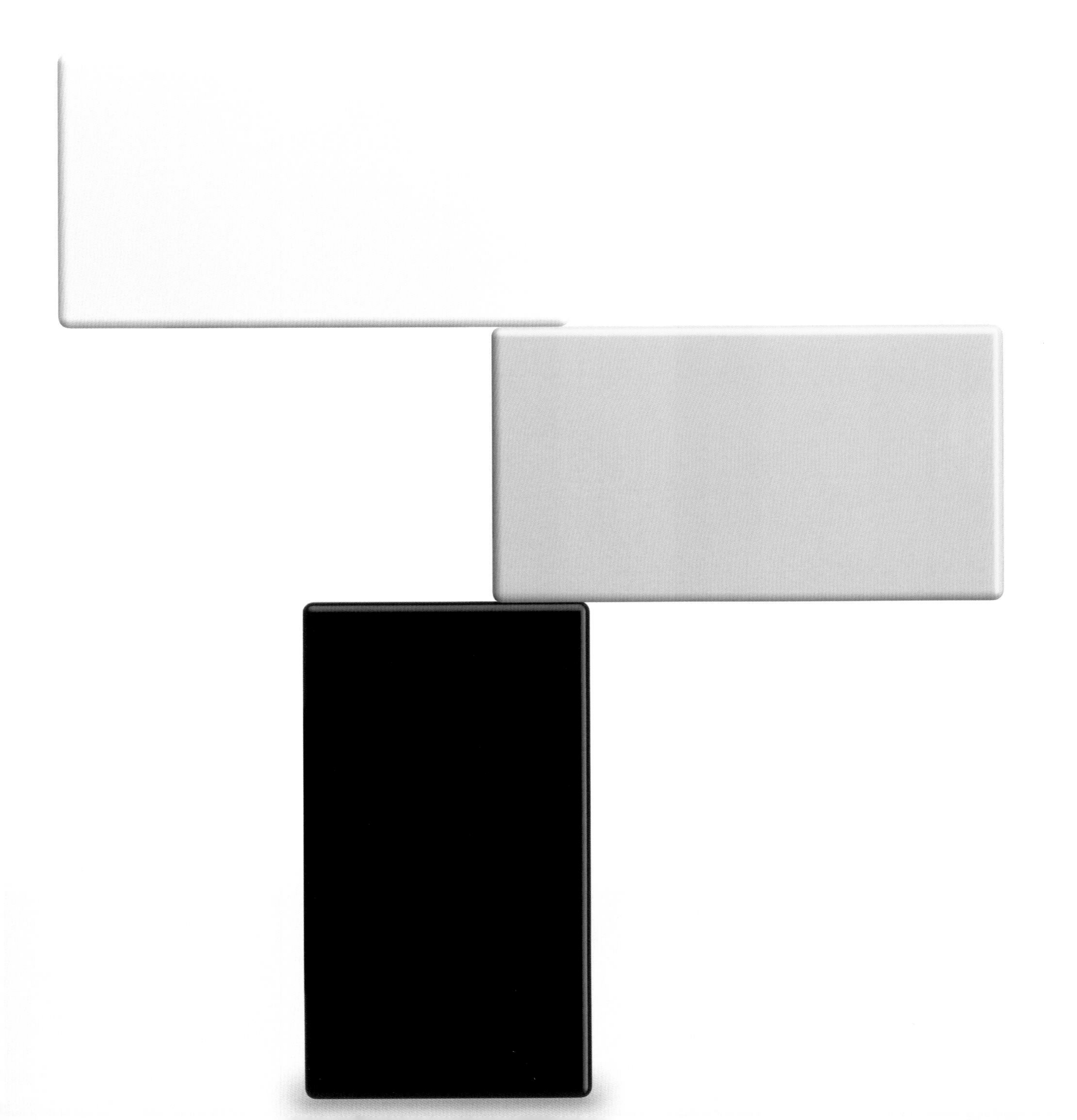

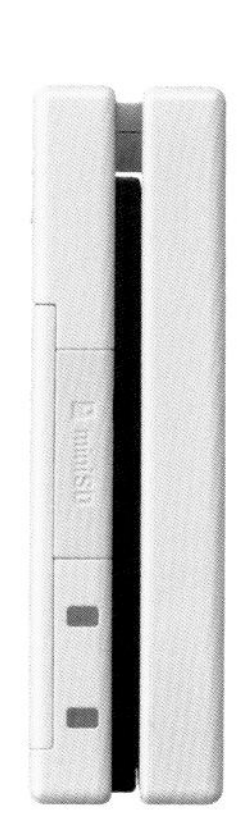

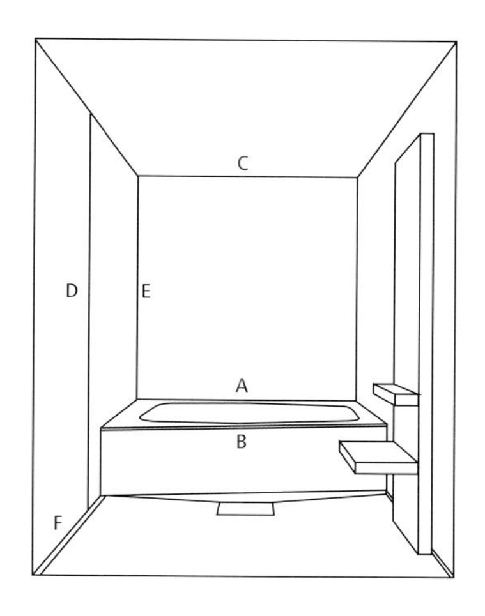

连接处、边沿处和护壁的处理

所有的角和边都重新检查过，同时保障水密性能和强度。简单明了的空间里没有凸起也没有凹陷，非常容易清洁。

A: 墙和浴盆之间的连接
宽度近似 8.3 → 5.6 毫米

B: 浴盆的边沿
厚度近似 30 → 15 毫米

C: 围绕天花板和墙的边沿
连接宽度近似 23 → 0 毫米

D: 墙面之间的结合
深度近似 1 → 2.1 毫米

E: 墙角连接
宽度近似 7.6 → 6 毫米

F: 地板和墙之间的地脚线
高度近似 70 → 20 毫米

A: 墙面和浴盆之间的空间采用了平坦的结合方式，因此洗澡水不会跑进去。不显眼的连接让浴盆显得非常洁净。

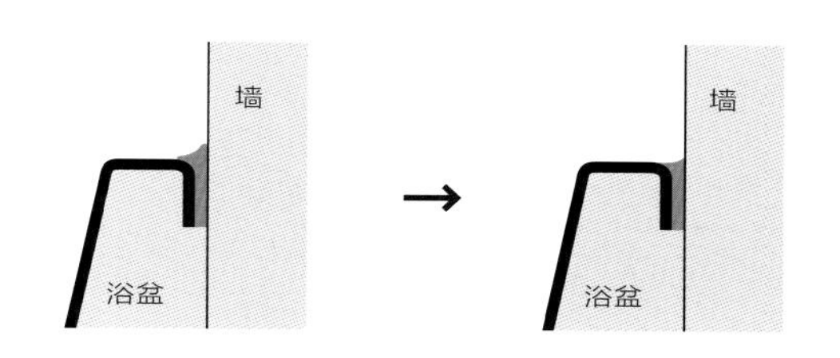

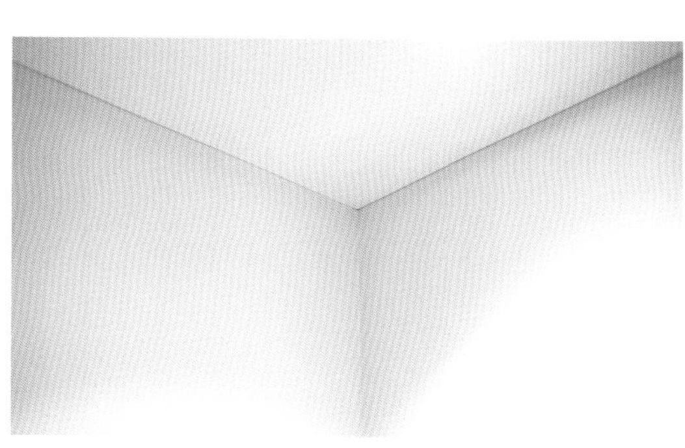

C: 围绕天花板和墙的边沿非常合适，人们并不会注意到它（仅限于百叶窗天花板）

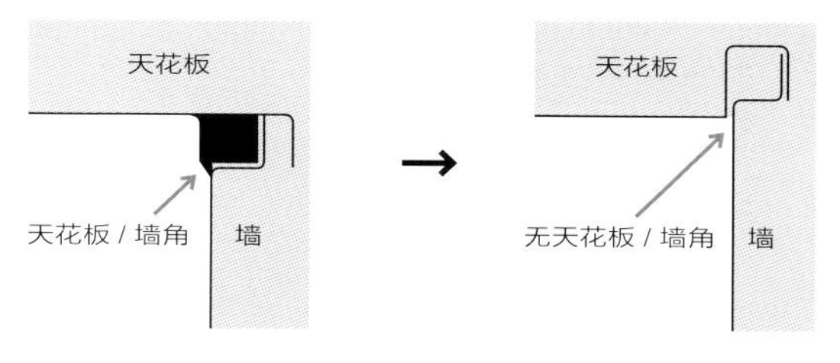

F: 墙和地板之间的结合处比较容易脏。制作一个整体金属模，并消除墙面的层次差别，让它更容易清理。纤细的地脚线保持在 20 毫米的高度比较容易识别。

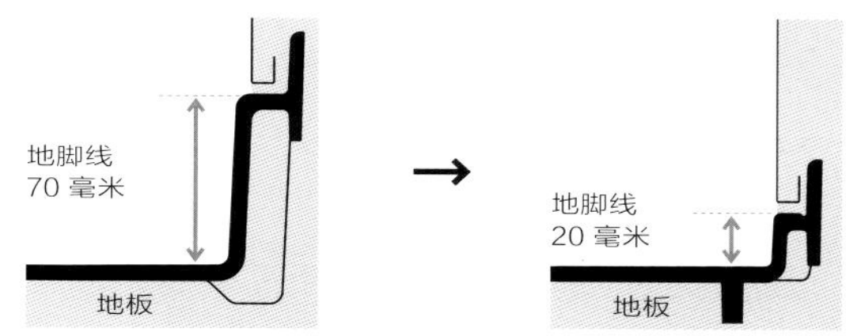

通风装置装进天花板内
通风装置伸出天花板之外。通道面板包含在百叶窗里，天花板光滑而平坦，任何不应该看见的部分都被隐藏了（仅限于百叶窗天花板）。

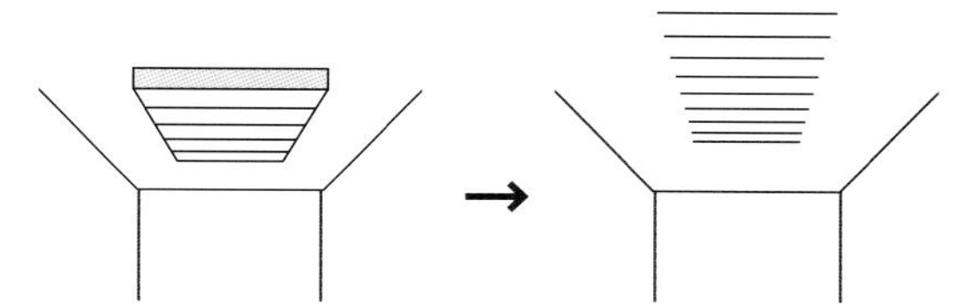

Corners and edges
角和边

事实上在日本，人们会在浴盆之外洗澡，这是与欧洲和美国习俗有所不同的地方。正因如此，浴室必须完全水密。因为水渗漏到下一层是非常严重的问题，尤其是大型的公寓大楼，所以制造商们开发了“模块化浴室”，天花板、地板、浴盆和墙都在工厂里成型，在现场组装。与使用一个挨一个的地铺瓷砖或者石头来建造

浴室的传统方式相比，“模块化浴室”可以快速地完成施工，并且价格合理。由于这个原因，在最近30年里，这种浴室被迅速普及。“模块化浴室”在日本成了标准。

与日本的电子产品一样，“模块化浴室”非常棒，并且完美满足了人们所需的条件和功能。但不可避免的是，在把它与用瓷片、石头、柏树等传统材料所制成的日式浴室相对比时，模块化浴室使人们明显欠缺了在心理上对“真实的物品”所供应的成就感。于是，一种新型浴室被开发出来。这种浴室由塑料片混合而成，墙由压制的钢板制成，地板材质看上去像木头或者石头。它们的建造质量很高，如果仅从外表看，会被错认为是真实的物品，然而材料之间的结合线会暴露出它们是假的。为了降低水渗漏到下一层的风险，组成浴室各个部件之间结合处的密封填料和填缝剂就尤为重要，这是制造商技术较量的关键所在。但是这些精细显示在硕大墙面上的，已经暴露了的结合线与其所自称的“精湛手艺”恰恰相反——整个设计看上去像一个站不住脚的防水房间。

刚开始，我是热衷于设计浴盆的，但后来发现，这个项目的大量时间都花在结合线的处理上，即解决角和边的问题。

水密浴室和“模块化浴室”被调侃为“像一个塑料水桶”。我把抛开这种形象作为自己的目标，集中精力设计了一个“漂亮的水密房间”。当它完成的时候，我又设计了象征浴盆的图标，并把它和其他应用与功能放在了一起。

Minimal working

最小工作

因为圆柱的角看着很锋利，我把它们刨得稍微钝了些。用最小的工作量来刨一根切下来的棍子，并将其转化为可用的东西。在设计无印良品的产品时，我总是尽力不做超过最小需要之外的事情，这就是无印良品之道。

A borderless glow

无边界的光

关上时，整个灯是一个均匀体；打开时，它的一部分就变成了灯。对于灯具来说，产生光源部分使用的材质和盖住光源的材质是不同的。如果光源被一个均匀的材质遮盖住，把灯打开，整个都会变成灯；但是如果只有一部分发光，我们对产生辉光的期待就会落空。发出辉光的区域是明确的，它存在着有形的边界，在所使用的不同材质的交界处。我希望能够消除这种有形的边界，就像在闪光灯上盖了一块白布，然后把它打开。

把灯倾斜，是我从摄影工作室里的软灯箱获取的灵感。在日复一日的生活中，水平的灯过于平常，并没有太多大斜面的设计。给水平的灯增加一点儿倾斜，感觉它就变成了一个照亮着某个特别东西的灯。

Two circles

两个圆

2003年的冬天，我遇到了意大利米兰灯具品牌雅特明（Artemide）的埃默斯图·吉斯芝迪（Ernesto Gismondi）。那时他就说想设计一个用LED作为光源的工作灯。我记得很清楚，在2005年9月3日，我生日的那天，接到他突然打来的电话，他说："我现在在东京，我们见个面吧。"我们在我的办公室见了面，他非常笃定地说："你可以为我设计一个LED工作灯吗？"他的热情感染了我。三周之后，遍布世界的雅特明分支机构代表都赶来参加会议，我在雅特明米兰的办公室给他们所有人展示了我的想法。

设计是在极短的时间里完成的。

对于雅特明——一个创作过Tolomeo台灯和Tizio台灯等这些世界经典标志性灯具的公司而言，发布一个使用LED作为光源的新的工作灯，意味着再一次塑造简单却有力的形象。这盏灯使用了两个与CD一样大小的圆盘，每一个圆盘都有12厘米的直径、10毫米的厚度以及一个支臂，即一个长方形的10x5毫米的杆子，两端带有铰接，与圆盘的中心相连。一个圆盘被固定在桌上，当作灯的底座，另一个圆盘是灯本身，作为底座和灯的圆盘被做成了最小的标准圆形。投射在桌面上的光环看上去好像是从整个圆盘底部发出来的。事实上，之所以看不到铰接缝隙的阴影是因为LED光源比圆盘要小一些，而且光源并不在圆盘的正中心。毫无疑问，圆盘和投射的光环呈现的是完全一样的，但事实上这种"常规的"灯采用了巧妙的戏法。一个金属的重块儿被安放在底座的圆盘里，作为灯的圆盘可以压得非常低，几乎可以挨着桌面也不会翻倒。通常，当光源与桌面靠得太近时，会有灼烧桌面的危险，由于LED并不会发出热量，这样的位置也是可以实现的；乍一看，仿佛是不可能实现的角度。这也是为什么这盏灯成为一个令人关注的形象，并拥有魔力般的感觉。不言而喻，它的成功是由高科技技术所支撑的，是对不可见的部分的尊重。技术人员总会异口同声地说："形愈简，工愈艰"。

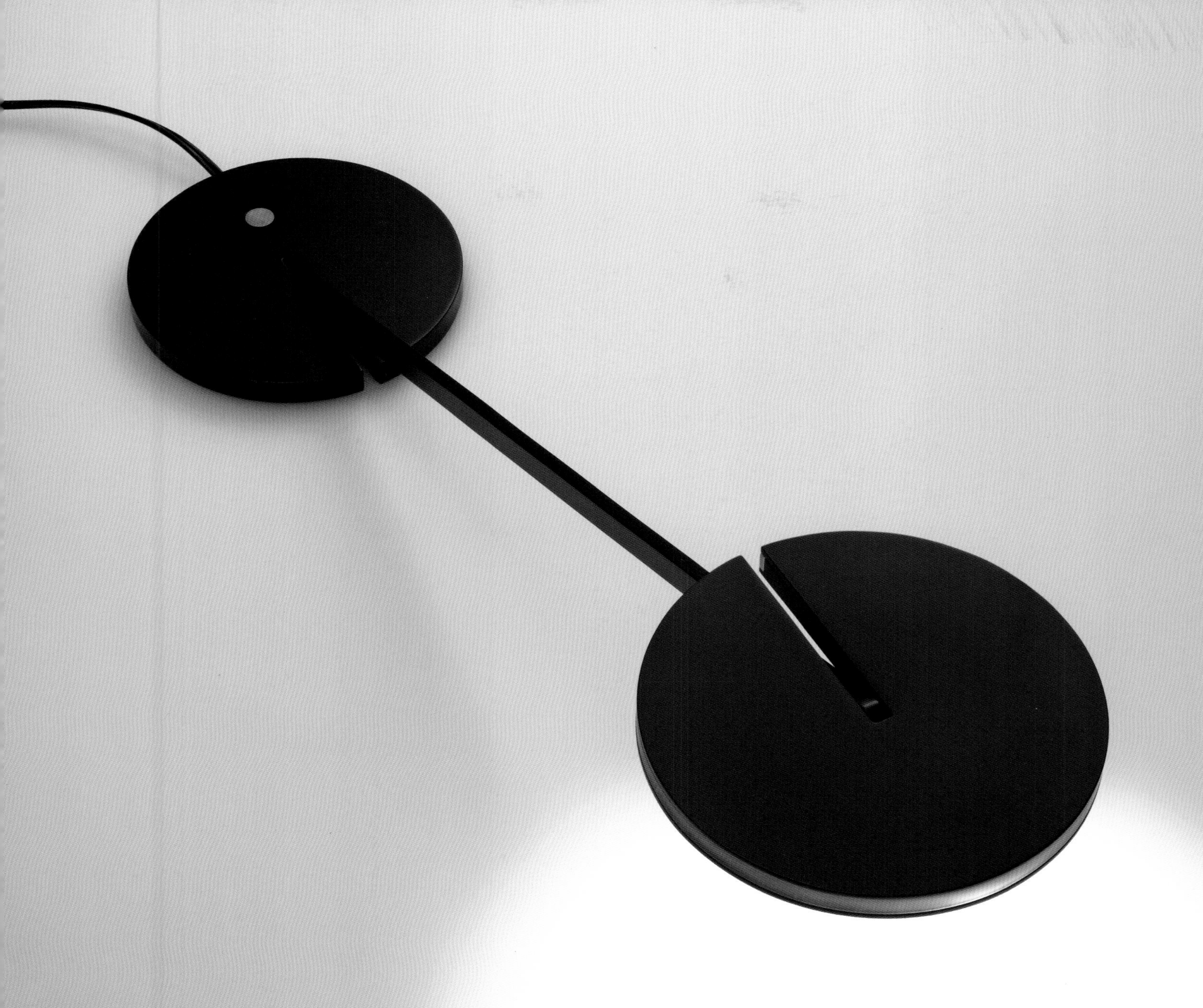

ITIS ARTEMIDE
台灯

Puddle

凹坑

1978年，我21岁。那年我去阿富汗旅行，这是我第一次出国旅行。从印度出发，我越过开伯尔山口（Khyber Pass）进入阿富汗，在穿过巴米扬山谷（Bamiyan Valley）之后，我到达了终点，邦迪阿米尔湖（Band-i-Amir）。这个蓝色湖泊的海拔高度大约在2900米，被称为“青金石蓝”，一个当地石头的名字。这些明亮的湖水汇集在深褐色大地的凹坑之中，美得无法用语言形容。我想，这就是地球的尽头。我所看见的这个景象并不是我设计这个浴盆的灵感来源，但是我考虑过，汇集在凹坑里的水的丰富度与汇集在一个盆里的水是不同的。作为户外的温泉浴，水并不是从浴盆的龙头中流入的，热水流动并汇入凹坑。为了让人们体会到这种现象，我没有给浴盆匹配上金属水龙头。人工大理石与水的色彩对比，无疑是大自然的美丽发现。我给这个设计取名为“大地”（Terra），一个巨大的岩石被举起，热水涌进所产生的凹坑之中，正如我在邦迪阿米尔湖所看见的一样，它是一种自然的奢华。

浴盆有着仅在意大利顶级橱柜品牌Boffi中才会使用的材质重量感和简洁却强烈的美感。Boffi第三任老板罗伯托·加瓦齐（Roberto Gavazzi）没有对这种简洁却强烈的美感妥协，为了能够开发展现该产品，他之前已经砸碎了6个。

TERRA BOFFI
浴盆

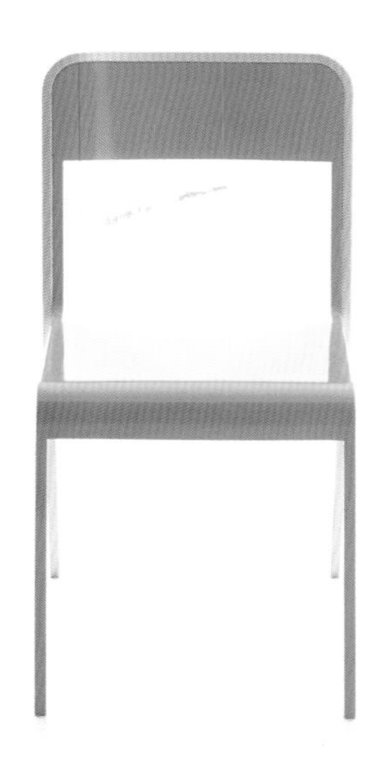

A chair like a product

像一个产品的椅子

我想创造一把细长的椅子。

当后腿、座位和前腿被涂上不同的颜色时，座位就好像漂浮了起来。每个部分连在一起又能构成一个整体。因为DANESE并不生产家具，我才决定创造一把另类的椅子。

MAÌLA DANESE
椅子

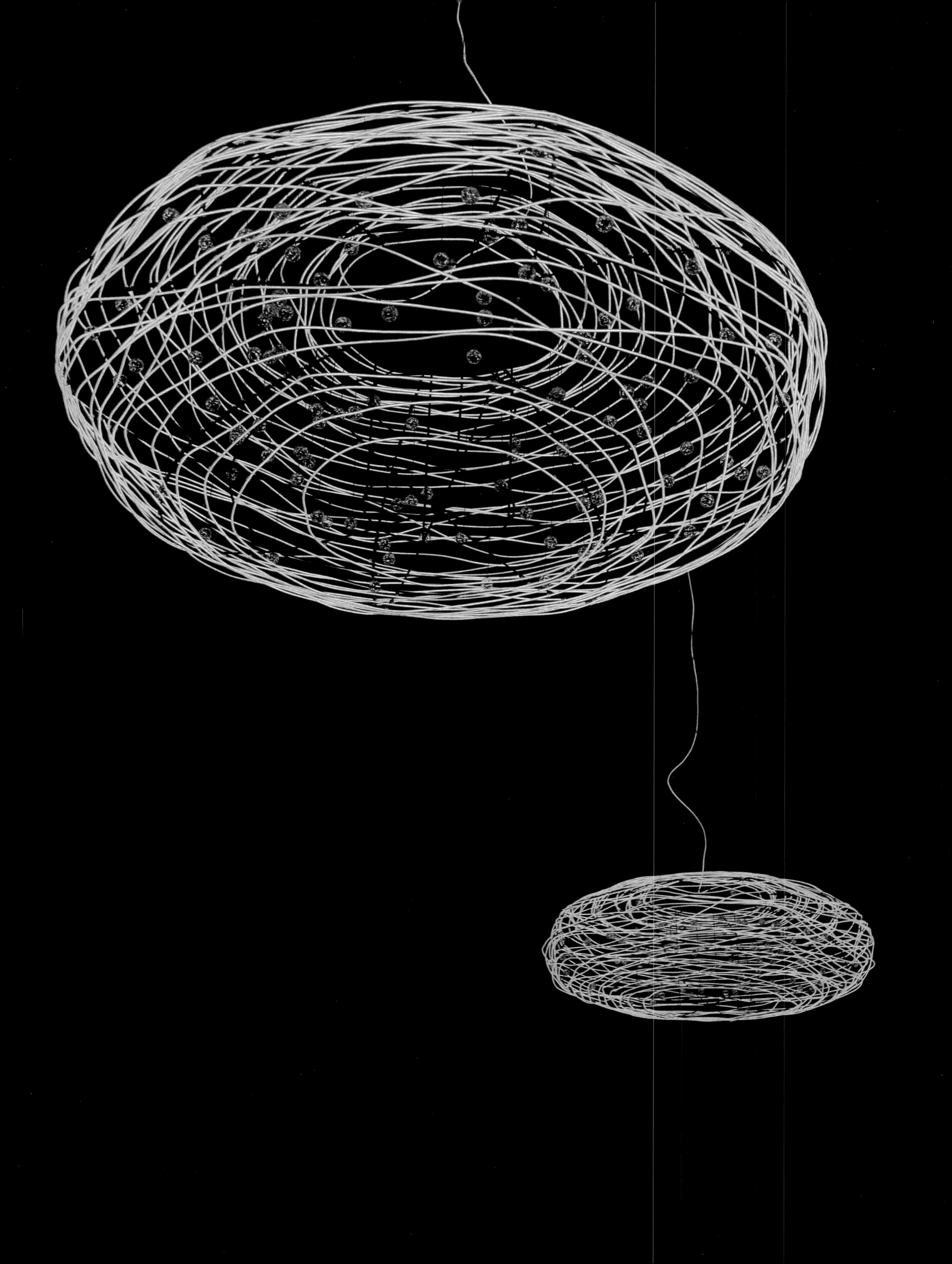

Afterimages of light
光的残影

由于不能从自己的文化领域、生活方式或者过去的经验中获取有关水晶吊灯的直接感受，要找到产生这种设计的触媒就非常困难。我遭受了各种心理上的痛苦：要从哪里开始？要到何处去寻找？就在这时，我被邀请参加在斯德哥尔摩召开的“未来设计节”（Future Design Days）的设计会议，并做演讲。演讲前一天，当我在台上排练演讲内容时，我发现我找到了。一道蓝光照射在黑暗的舞台上，我被告知跟着这道光走，就可以登上舞台。我按照安排进入了会议大厅，站在正对舞台的位置。当我正要离开时，我看见了令人惊奇的一幕——在走下舞台的那一侧，那道蓝光变成一道旋转的光束，它发着微光，那是一束非常简洁的蓝光。我咨询了一位舞台技术人员，他告诉我那是一种内置着EL（电极发光的透明电缆）的光。我本以为它是高科技，会很昂贵，但之后才知道，“它是非常简单的技术，实际上并不贵。”它催化产生了这个吊灯——“宇宙”（Cosmos）。

回到日本，我立即开始研究材料和技术。我惊讶地发现这种透明电缆是由一家以色列制造商研发的，并被用在霓虹灯中。它被应用的领域如此之少，让人感到奇怪。后来我才明白，原因在于光的质量。在黑暗的地方看见这种光时，它会很明显，但是其亮度并不足以照亮它的周围。所以我意识到它不能被用来做灯。也就是说，它是一个可以被看见的光，但不能够照亮空间。

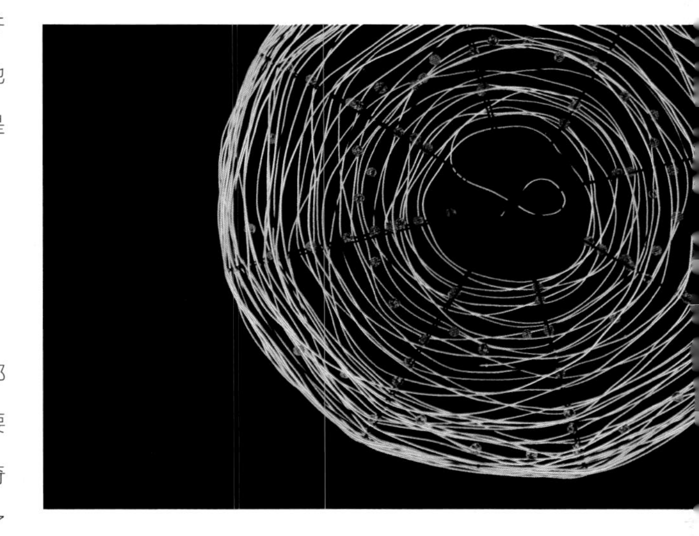

考虑到吊灯的特点，我认为它本身是发光的，不需要去照亮周围的物品；有着很强烈的“被看着的东西”的要素，可以当做珠宝来装饰房间。在这种情况下，我想，这一束作为吊灯的光，就是一盏“你看着的灯”。

我想，是否可以设计一个像是光的残影一样，或者是光的轨迹的东西，就像你手持一盏灯在空中划圈，一遍又一遍所产生的形象那样，就像在黑暗中按下相机的快门，在运动的光线中曝光胶片时所获得的影像那样。为了产生一个通过手的运动形成的不均匀圆圈，我做了一个外形像被压扁的黑色线框球体，这大概需要使用50米电缆。在线框球体里面散布着100颗水晶，微弱的蓝光被这些水晶映射着，令人着迷。施华洛世奇（Swrovski）一次又一次的问我，我要使用多少颗水晶。开始时，我犹豫了一下，说需要50颗。而实际，我用了100颗；参加水晶宫（Crystal Palace）展厅展览的其他设计师，都使用了成千甚至上万颗水晶。我意识到自己其实还是惯用穷人思维。看着这个设计，那些高低不同的水晶并不显眼，它们好像迟钝闪亮的星星，尽管它们很美。由于实现了一个宇宙星辰的影像，我给它取名为“宇宙”（Cosmos），它看上去像灰姑娘故事中仙女教母魔法棒的星辰轨迹，也像奇妙仙女（Tinkerbell）飞过时看见的星辰。

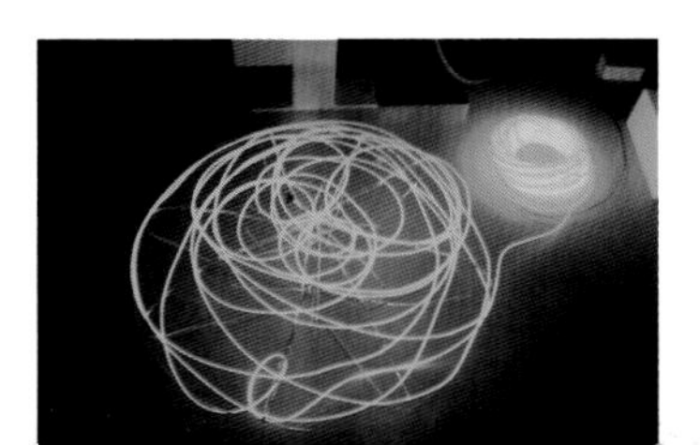

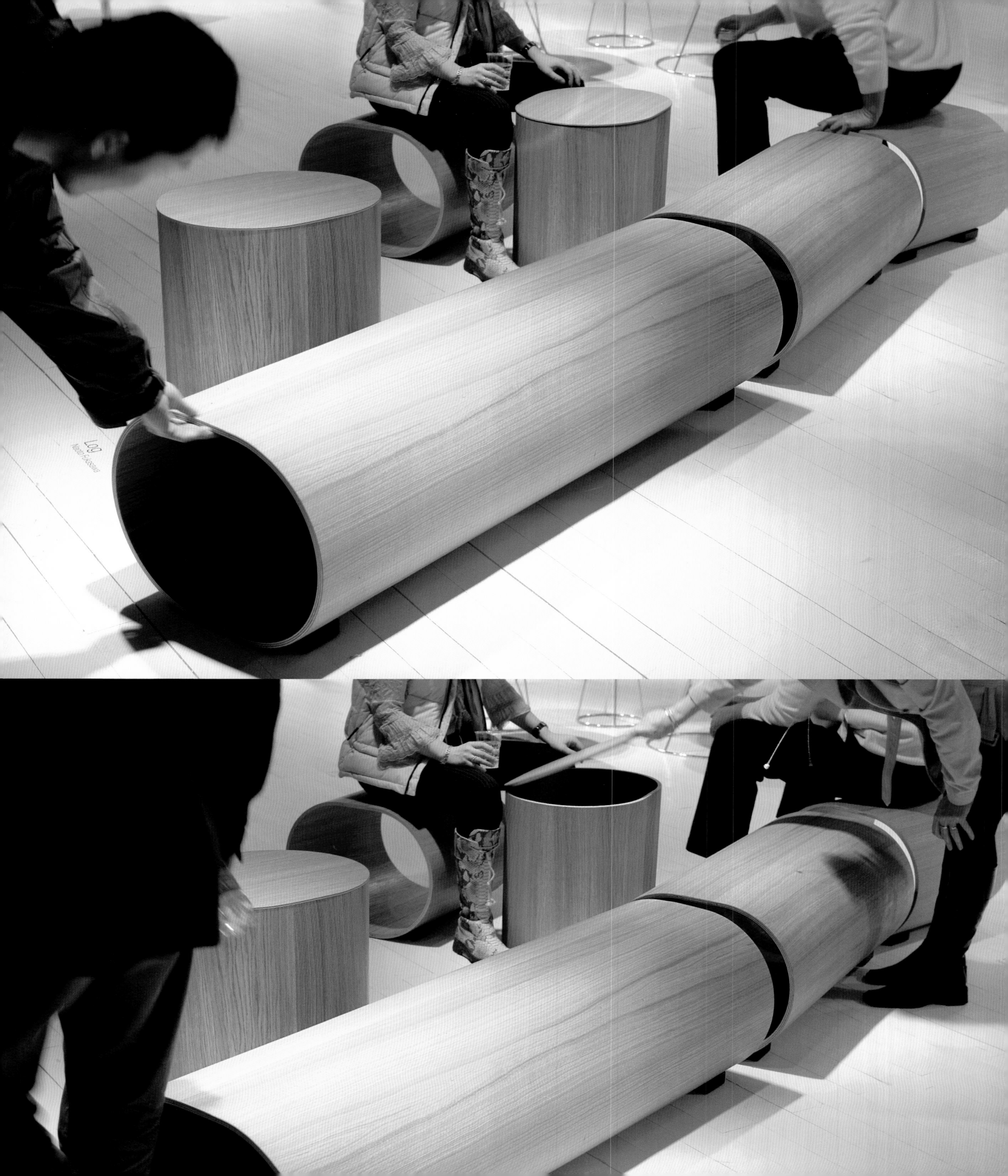
Log

Affordance
可供性

人们一直在环境中审时度势，寻找价值，这种连续性被称为“行为”。詹姆斯·吉布森称之为“可供性”。

森林里一棵倒下的树提供给人坐的价值，倒下的树成了森林里巨大的长椅。

SWEDESE是一家瑞典家具制造商，擅长胶合板加工技术。胶合板的薄度和强度是人类发明的如何使用木头知识的标志。我决定使用这种薄的胶合板做一个圆木，设计一个躺在城市建筑之中像圆木一样的长椅是个很有趣的想法。我认为最好把它放在建筑前厅里，就像樵夫伐倒的圆木，树叶散落一地；也可以放在教室里。如果你把圆木立起来，它就变成一张桌子，杂志和报纸可以放在圆木的洞里。

从最开始，倒下的树和人通过可供性发生了连接，这种关系永远不会改变。

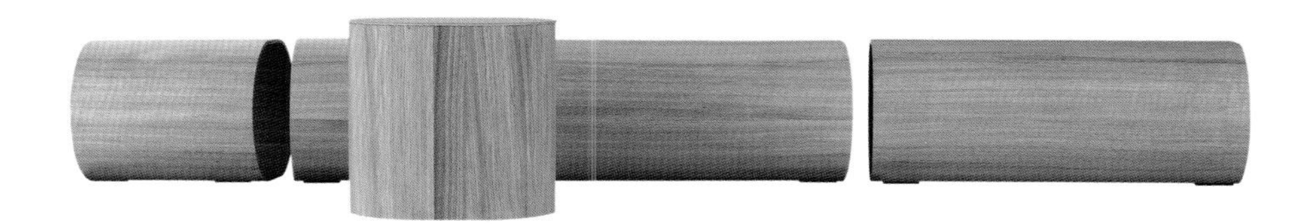

50

Excising scenery
切除的场景

人们很喜欢带有微微圆角的截头圆锥，带圆角的圆锥极具吸引力。我研发了一款测速计手表，这款手表拥有垂直拉长的刻度，刻度被设计在陡峭的、具有很大斜度的侧面。因为测速部分的数字显示了距离、时间和速度的关系，涂在路面上被拉长的限速数字激发了我的灵感。你开车时所看见的显示在路面上被纵向拉伸的数字非常便于解读，即使从非常低的视角看过去也是这样。从表的正上方看数字时，它们就是标准的样子；从侧边看，它们就被拉长，并且间距也发生了变化。

通过这种方式，我从每天偶尔审视的场景中切除了时间、速度和距离之间连接的本质，并把这作为一款运动手表的主题。我为镜面表身选择了红色和黄色，这两种颜色是运动时尚品里常见的华丽组合。新技术和鲜艳的颜色也与“三宅一生”的品牌形象相吻合。

Sloppiness in an object is sloppiness in the design
物品中的草率就是设计中的草率

虽然在你设想出它会是什么的时候，设计就结束了，有时候这并不能确认实际效果；有时你需要再手工创建一个模型，反复审视外观，切割金属，结果可能仍然不够好。在这之前，我没遇到过这种情况。问题存在于金属镜面上有很多波纹以及制造拐角时略微的草率。因为这些草率混在非常微小的细节中，不容易被注意到。为了修正这次错误，生产线的夹具被更换。为了保证产品精工细做、保质保量而更换工厂的生产线，这并不容易。

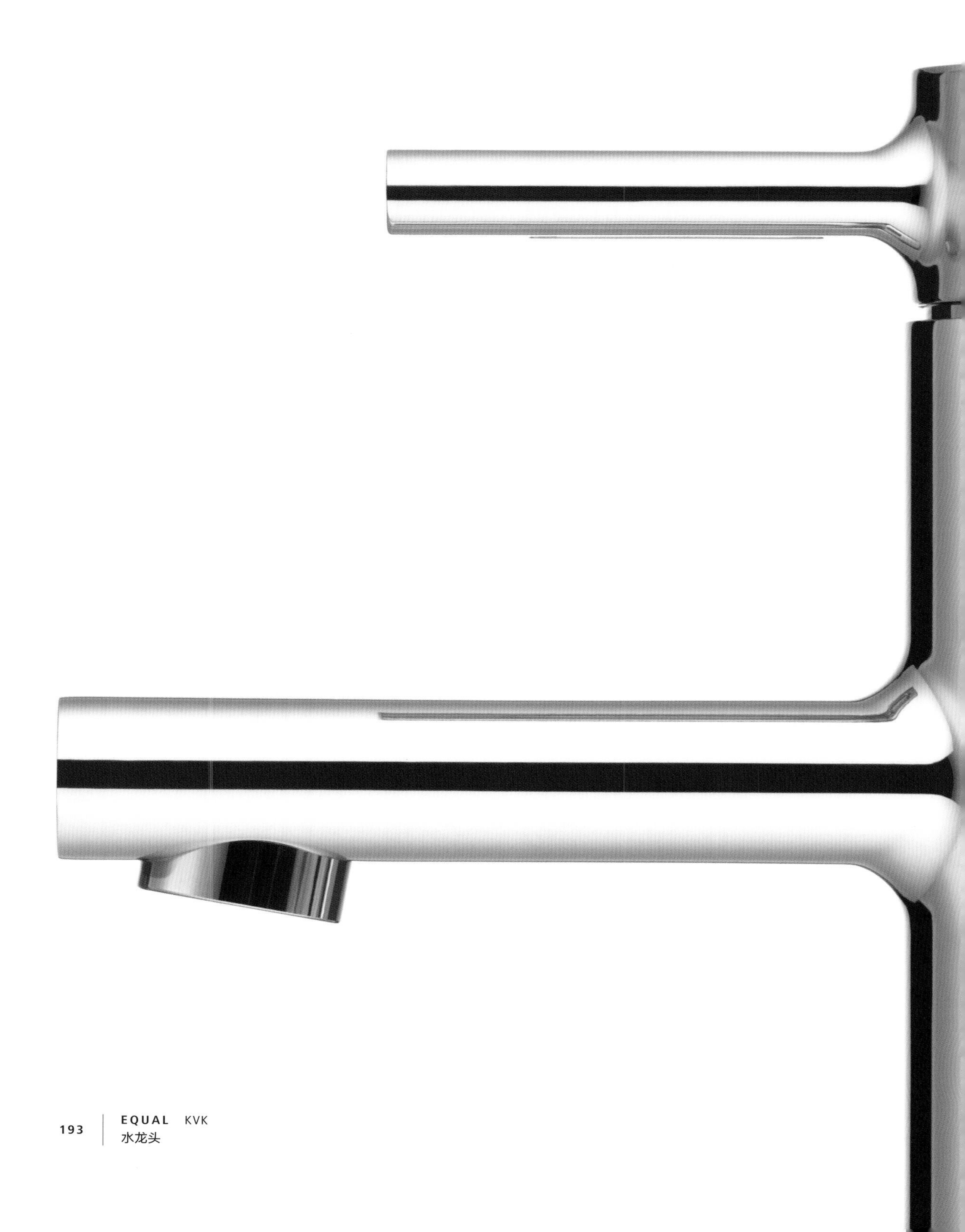

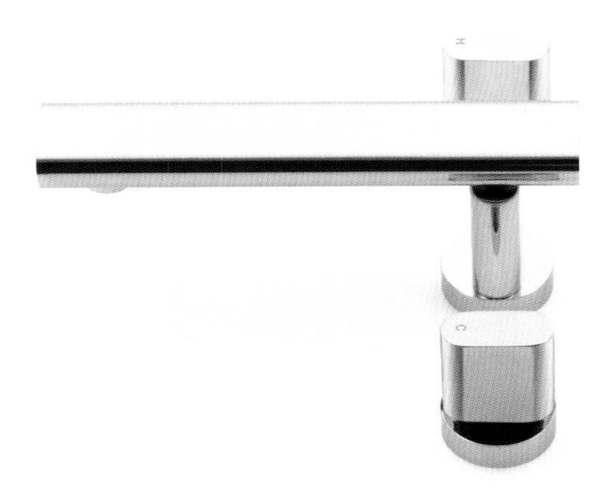

A chair that seems to be everywhere

似乎无处不在的椅子

我曾见过和这把很像的椅子。它是一个匿名设计，你猜不出是谁设计的它，甚至猜不出谁是原创。我设计这把椅子不是要模仿“无处不在的椅子”，我想设计“似乎无处不在的椅子”。这是典型的无印良品设计。

197 OFFICE CHAIR MUJI
办公椅

A precise custom suited to a precise appliance

精确的习俗适合精确的装置

日本在开发马桶的功能上比任何国家都要着急，这并不是因为其他国家的文化在这方面发展很慢，而是其他国家根本不在乎这些功能。如果没有体验过，很难理解这些精致的功能。改变历经岁月形成的习俗并没那么简单。

在这个设计中，马桶的主要功能是清洗用户的屁股。当你走进房间，马桶盖会自动打开，座子被加热；扬声器模仿冲水声，掩盖你正在使用马桶时发出的声音。此外，这款马桶还安装了除臭装置。经过特殊调制的脚灯可以让你半夜起床使用马桶时不需要完全清醒。支持自动调节和手动调节的喷嘴清洗完屁股之后，你可以使用烘干功能，不再需要厕纸了。在你站起来时，马桶自动冲水，盖子自动关闭。

集成了所有这些功能的马桶会变得非常巨大。这个设计的目标就是要让马桶尽可能的小，在保留这些功能的同时，仍然还要维持“马桶般”的大小。最有趣的挑战在于要把所有的陶瓷材料换成塑料，并且放弃使用微小泡泡自动清洁马桶的需求。

这个马桶比使用不准确的陶瓷所制造的马桶要精确得多，这是一种精确习俗对精确装置的需求。人们非常好奇，将马桶变成一个精确装置的日本文化和习俗在未来会如何发展。

National

ionity
nanocare

The shape of the wind
风的形状

这是一个吹风机，它看上去像飞机，马上就要起飞；或者像一个沉浸在无意义形状之中的设计师作品，使用计算机进行了3D渲染。

但，它不是。

这款吹风机不只用于烘干头发，也可以让头发水润并使头皮健康。因为它采用了含水量超过负离子千倍的“纳米-e离子”。与普通吹风机相比，这种吹风机能减少头皮的油脂，对头皮形成4倍的抗损保护。吹风机的两边和顶部各安装了一个离子发生器，并将它们的外形按照空气流过时的轮廓塑造，于是就产生了现在的设计。我要向技术脱帽致敬，它让如此复杂的形状能够被整体无缝地创造出来。

所以，这不是一个玩弄形状的古怪艺术家的作品。我只是赋予了风一个形状。

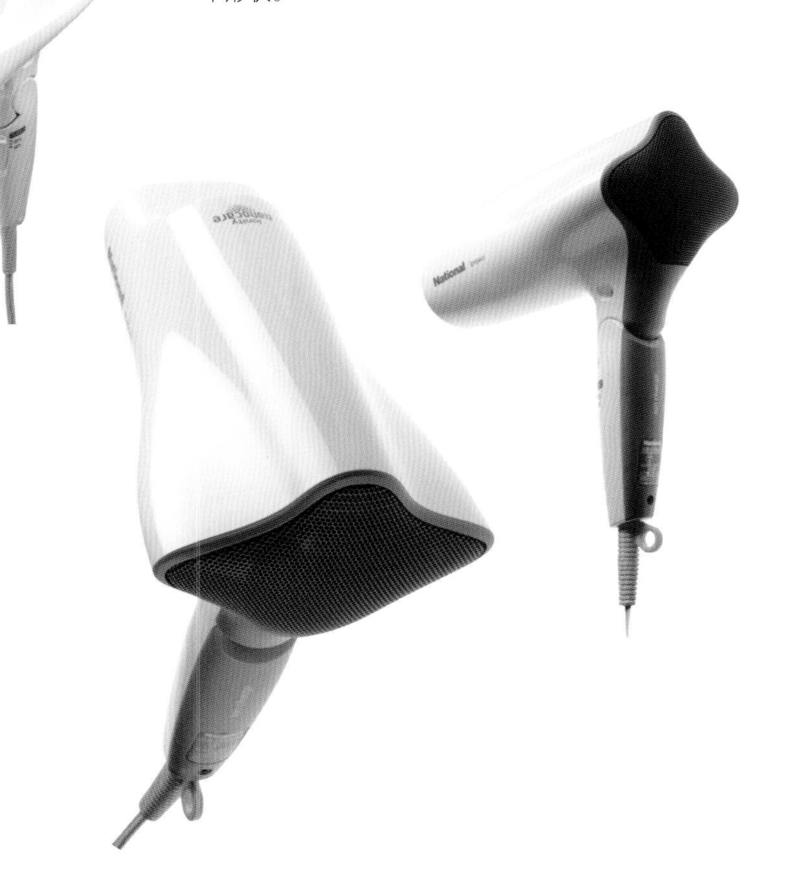

Recognizing a brand by feel

通过感觉识别品牌

日本老牌文具品牌——旗牌(Shachihata)，开发了一款自添油墨的橡塑印章，即渗入油墨的橡塑以及一款不需要印台的个人钤印。与美国和欧洲一样，在日本和其他亚洲地区，刻有人们名字的个人钤印可以用来提供个人身份的证明。把印章按在朱砂墨或者印台上，涂上墨，然后将它盖在文件上，这个动作是庄严的，是一种穿越了岁月的行为，也是一种证明和验证的仪式。自从旗牌开发出橡塑印章，简单验证身份的个人钤印演变成一种不需要印台也不需要朱砂墨的名字印章。盖章变得非常容易，而且价格便宜，这也是为什么它会大获成功的原因；不过，个人钤印的最初价值——附加的庄严被弱化了。

这个设计是为了应对一个问题：易用性和传统元素可以融入在一个印章里吗？指示符是圆形印章所需的，它可以确认印章朝向正确的方向，让使用者的名字可以从上向下读；用食指寻找这个指示符，把钤印放在纸上，盖下钤印，这一连串的行为赋予了个人钤印更多庄严的形象；在食指接触钤印的位置，增加了一个手指形状的凹痕，这个凹痕成了旗牌的品牌标示。黑色和朱砂色漆器般的表面被保留下来，这是旧时代传统个人钤印的样子。

我认为，大多数日本人使用的名字印章的设计都有公共属性；我相信，隆重的传统元素与易用功能结合起来会加强盖章行为的仪式感。

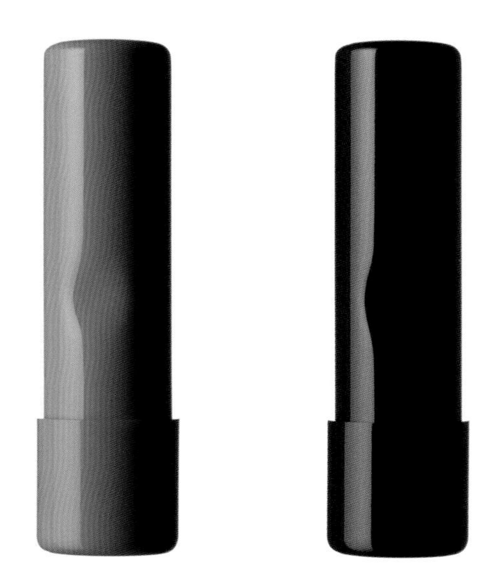

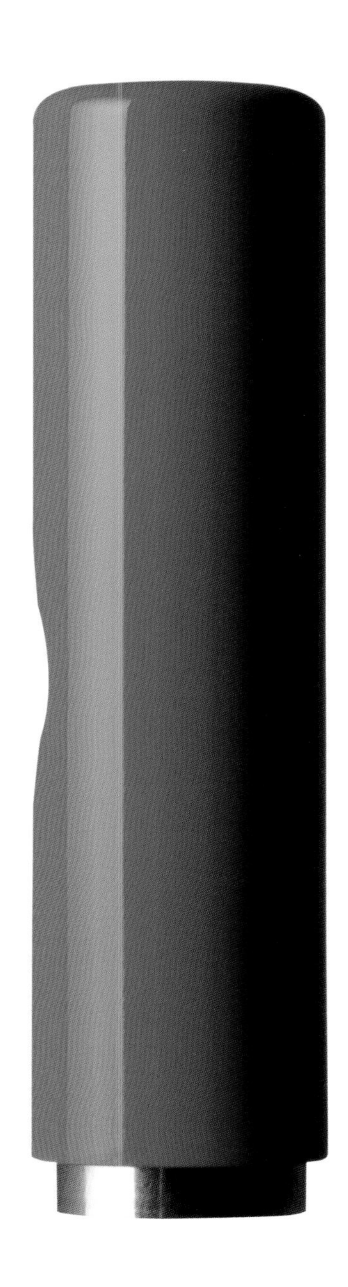

NAME STAMP SHACHIHATA
印章

Using traditional elements as much as possible
尽可能多地保留传统元素

因为有圆形和方形两种个人钤印，我将二者叠加起来创造了圆的方形。颜色，我选用了两种传统用在钤印上的颜色——黑色和朱砂色。我为了实现一种漆器般的光泽，提升塑料塑形抛光的准确度，采用了一种适合显现光泽度的材料。铰链扩展到盖子的一圈，其中一块儿设计成手指可抓握的样子，以方便人们打开或者关上盖子。

我相信，为一个存在了很长时间的东西创造新设计时，并没有必要改变外形。

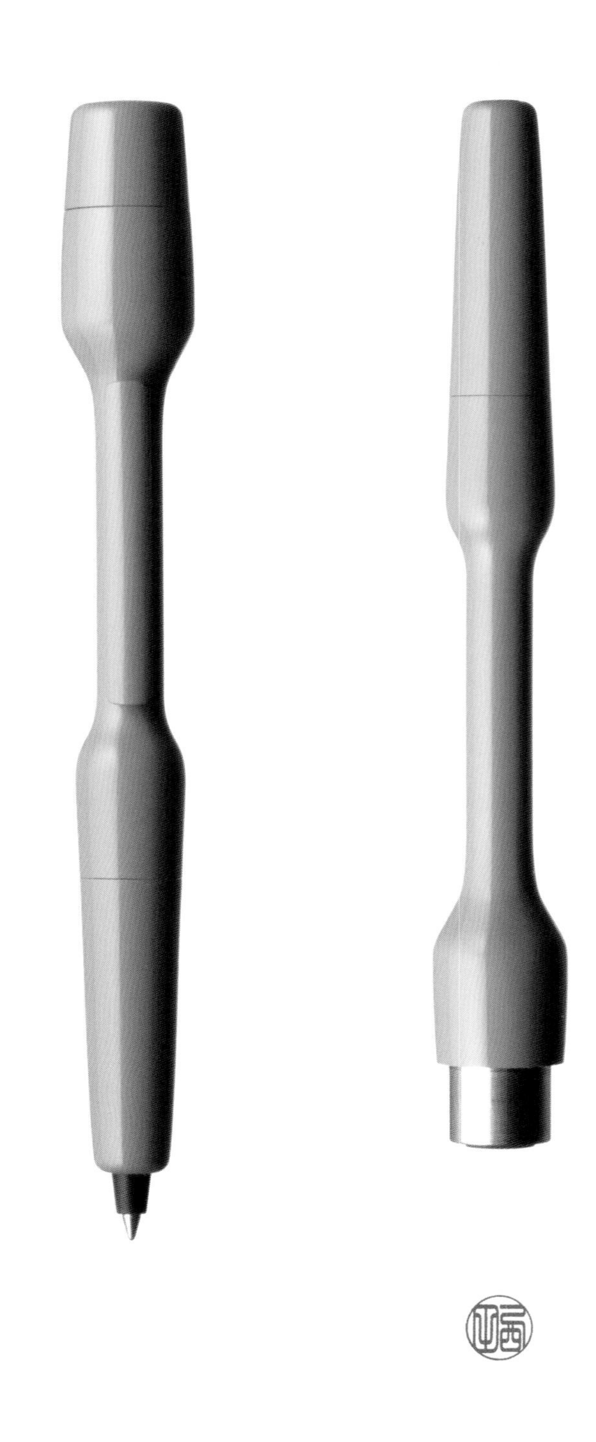

A shape just as you thought it would be

正如你所想的形状

为了设计一支带有名字印章的笔，我把名字印章直接附加在笔的末端，不过结果不够美观。

所以，我意识到如果设计一支签名笔，笔和印章部分的价值应该是相等的，设计自然也跟随了我脑海中的形状。

实现设计的过程中需要考虑的一点是，由于你所握住名字印章部分的直径和笔的直径不同，粗细之间势必会产生一个圆柱。我确保圆柱的粗度是以增量的方式增加到末端的。之所以这样做，因为我认为笔和印章应该具有同等价值。

另外一点，笔的部分和印章的部分应该设计成同样的形状，由一个细长的轴连接起来，其形状是梯形旋转体。两个功能具有相同的形状，才能够保证每一部分都有同等价值。

这不是一支带有印章的笔，它是笔，也是印章；它是一个具有两种功能、相等价值的新产品。

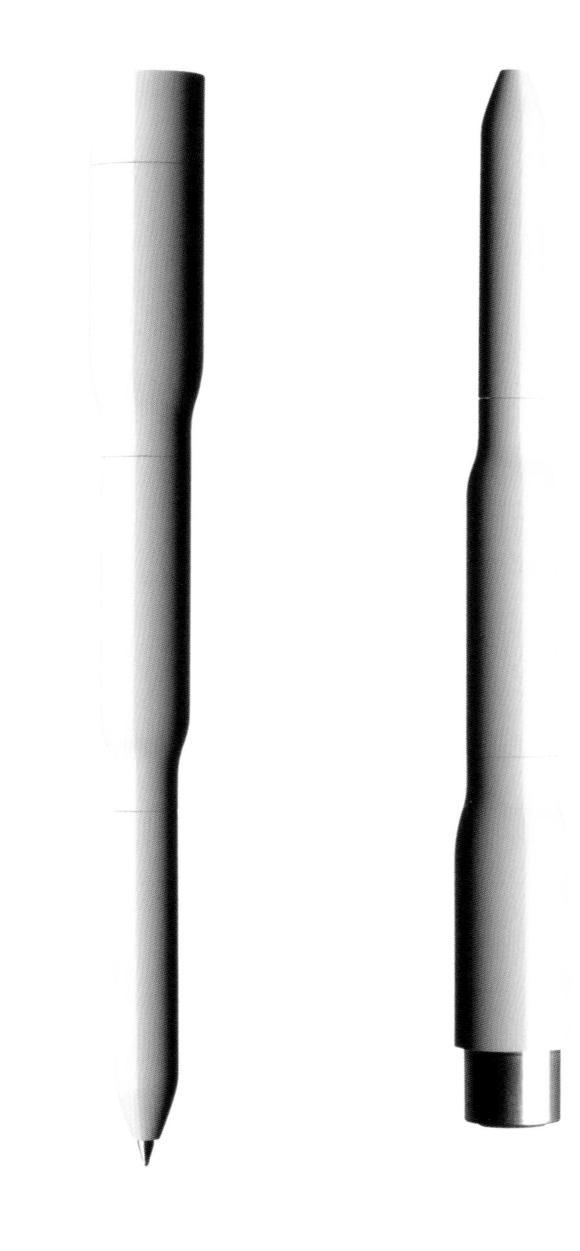

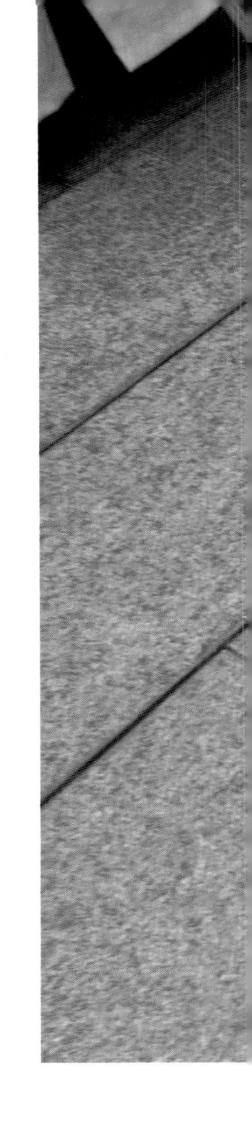

Mimicry
模仿

在日语中，Anyo是婴儿语，这个词用来形容刚刚开始走路的婴儿步履蹒跚的步态；它通常在大人们看见这些婴儿迈出可爱的第一步时，感到快乐和激动的情境中使用。Anyo这个词本身充满了快乐。婴儿周围的东西都被包裹在讨人喜爱的模仿里，动物的耳朵附加在帽子上，床变成了马车，盘子被设计成熊脸的样子。

我想知道，一把像毛绒玩具的椅子是否会受欢迎、被喜爱。因为椅子有四条腿，它本身就是一个明显模仿动物的元素。我创造了一把将它和毛绒玩具材质融合在一起的椅子，它给你一种被所爱之物拥抱的感觉，或者像一个玩具一样可以被跨越。在它被制作出来的时候，我想知道，“它是一把椅子，还是一个毛绒玩具？”

ANYO DRIADE
儿童椅

Mismatch

不匹配

德里亚德（Driade），世界顶级家具品牌。伊丽莎·阿斯托利（Elisa Astori）一直想为孩子设计产品。被她的热情所感染，我设计了Dinner——一款年幼孩子专用的餐具。我设计了小号的、三种不同尺寸的塑料刀叉和碗筷，就像放在方形托盘上的柿子。R角被偏移了一些，以便于每个盘子都可以在托盘的角落处精确地排列。Dinner不仅是晚餐，也是一种仪式，我相信形式上的细微差别包含在这个词汇之中。想象一下，一个婴儿用小刀和小叉吃饭，就像正在过家家，这种感觉既可笑又温馨。Dinner使用的材料看上去像廉价的三聚氰胺，其实与大人们所使用的真正的晚餐餐具有很大差距。“来自三聚氰胺餐具的晚餐”，这个想法里的不和谐非常有趣。

M
S
TIME
SEC
START
RESET
STOP

5:48

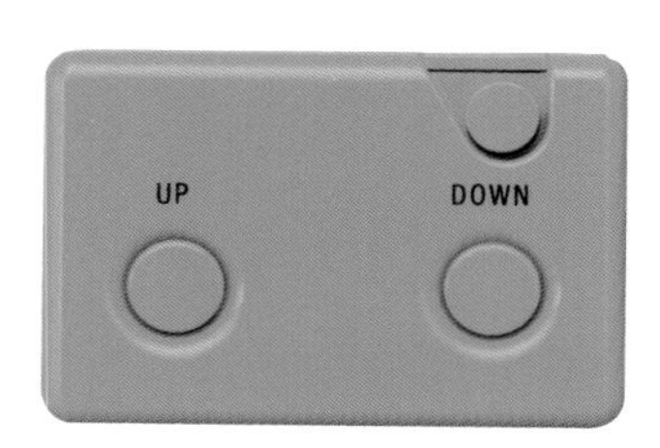

A convenient size and shape

使人感觉很方便的大小和形状

R角，一般是指半径为2.5毫米的圆角，是通过人手触摸而形成的自然圆角。这个圆度是人手习惯感受的，这个朴实的R角被应用在PLUS MINUS ZERO（±0）绝大多数产品上。

每个物体都有一个使人感觉很方便的大小和形状，这些盒子形状的产品设计是这种方便性的缩影，适合这些盒子的功能将会在未来持续添加进来。我首先设计了数字和模拟时钟、计时器、收音机，还有一个只是盒子，可以在里面放很多物品。这是一个供拥有方便形状产品展示的平台。

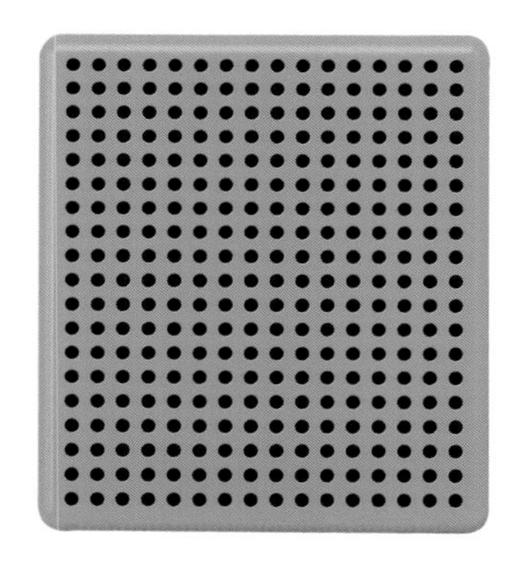

GT
TAX
M
123456789012
↑5/4↓
F 4 2 0 A
SET
-TAX
+TAX
→
√
GT
MRC
M -
M +
C·CE
7
8
9
%
+/-
4
5
6
×
÷
1
2
3
+
-
0
00
·
=

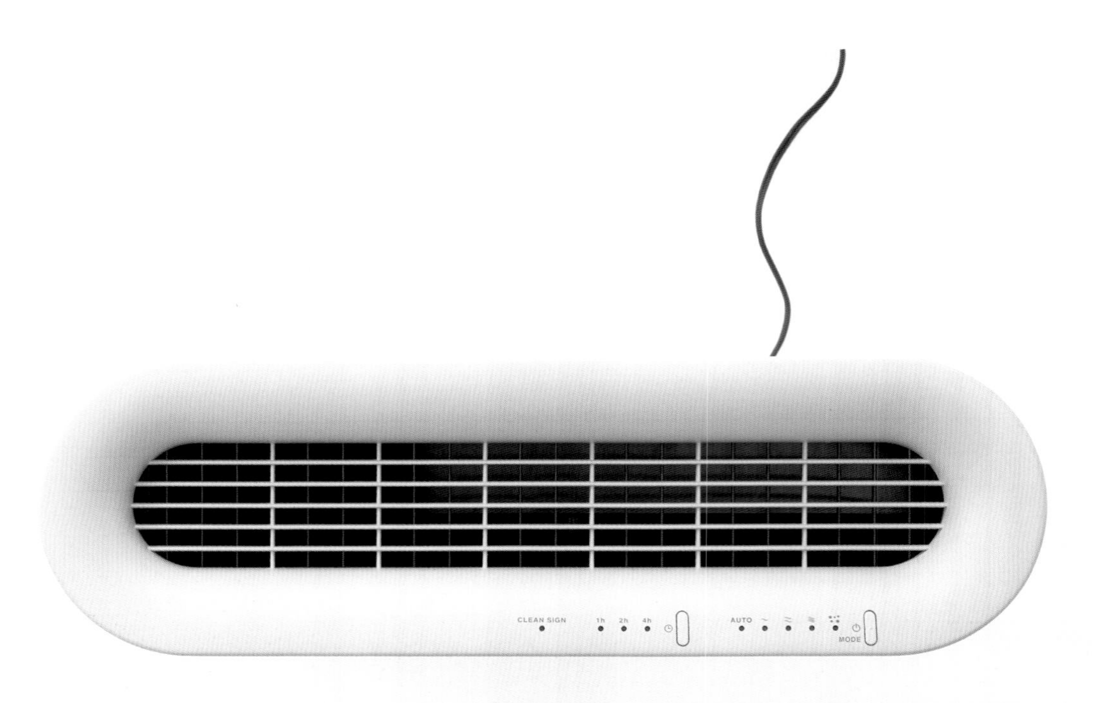

Cleaning the atmosphere

空气净化

在日本，我们使用"一个地方的空气"来表示那个地方的空气状况。空气净化器不仅能在物理上清洁空气，也必须要有一个不会遮盖"一个地方的空气"的形状。

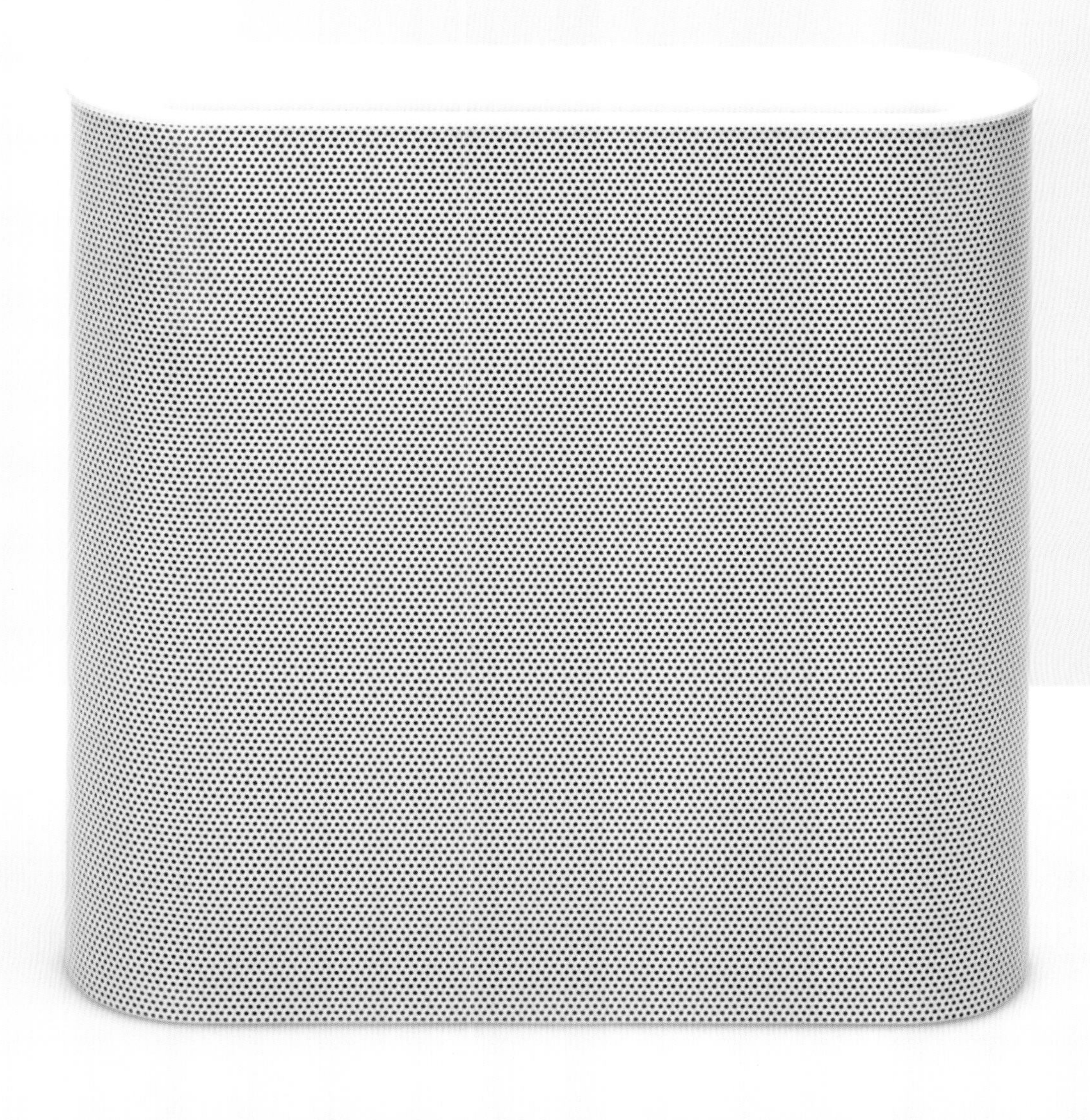

A moderate shape

适度的外形

这台既可以泡咖啡也可沏茶的玻璃壶，有一个可更换的过滤装置。这台玻璃壶的突出特性是过滤装置被放在了壶里，因此它的高度就比普通的咖啡机高一些，所有多余的空间都被移除了。把玻璃壶变小，但不改变它的容量，意味着它看上去既像咖啡机又像茶壶。像这样的器具也可以放在餐桌上。

The good in not being too convenient
不太方便的好处

我曾经总会想到一个场景——烤面包机放在餐桌上，紧挨着我的盘子，我一边喝着咖啡一边等待我的吐司。小的烤面包机非常适合这个场景。如果这意味着不能一次烤两片面包，对我来说也OK，一次只烤一片面包的烤面包机并不赖。如果有两个人吃的话，你可以先烤你同伴的面包，然后再烤自己的，如果你一个人吃的话，烤两片面包就太多了。

on
clear
memo
off
power
1 .@
2 ABC
3 DEF
4 GHI
5 JKL
6 MNO
7 PQRS
8 TUV
9 WXYZ
0
#

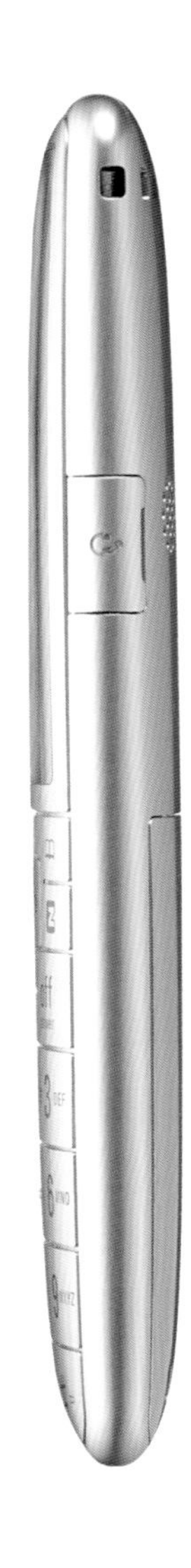

au

A melting shape

融化着的形状

在发布INFOBAR手机之后的第三年，我决定发布它带有新功能的继任者。

新的INFOBAR手机像一个会在嘴里融化的长方形糖果，并采用了圆度。变成有机形状的长方形拿在手里很舒服，也非常容易装进口袋。产品的开发趋向具有人性化的圆度，这和INFOBAR的演变是同步的，按键和显示屏被排列在光滑、闪亮、平坦的表面上。

人们喜欢这种融化着的形状，也许因为它使你感觉更亲近自然，或者可能因为它非常耐看。

物会进化，它们要么被嵌入墙里要么被穿在身上。能够不跟随这两个进化趋势的任何一个，并将自己隔离在两者之间的是工具。将靠近身体的工具，或者靠近身体工具中的一部分采用有机的形状，这是不可避免的。

长方形被其自身融化了。

WORKSHOPS
工作坊

掌握触媒（Grasping the catalyst ）

过去十年里，我举办过许多场工作坊。如果把那些在大学教授的课程以及那些为公司项目举办的工作坊也计算在内，它们占据了我日常设计工作之外活动的很大比例。相比于“教”设计，这些工作坊更多的目的是发现真相，同时思考和体验事物，或者说掌握触媒以找到某个答案。

对我而言，做这些工作坊也是一个思考并总结自己经验的机会。提出“为什么我思考这个？”“为什么我选中了那个想法？”的问题，就像折回并分析我思考的过程，以及带给我想法的体验。我想给工作坊的参与者们和学生们分享我第一次得到一个想法时的感觉，以及我看见某个东西的瞬间感受，这些感知在每次设计中都会产生，它们在我摆脱曾经跟随很久的规范化设计之后，变得更加明显了；感觉好像我从不知道事物的逻辑、虚假就从真相的世界里摆脱出来，并最终掌握了真正的真相；从根植于自然逻辑的哲学观点来审视它，感觉就像从充满了歧义、不能抛弃做作和错误的知觉，同时还要试图辩解所产生的物品和机制的世界里逃了出来。

我曾经也做过公司的内部设计师，那是学生们进入设计世界的必经道路，这个事实使我的内心产生一种危险的感觉，这关系到我在教育方面的动机，我想传达摆脱束缚的感觉。在那个世界里，新的设计被认为是存在于一个特别的、孤立的地方。它可能类似于这样一个误区，即除非你去过景色优美的地方，不然你不可能拍出好照片。我想把每天都在我们眼前的真实世界展示给他们，并告诉他们说：“看……注意！”我想让明显更加明显。

伞，±0，野田与深泽直人设计，2003

手电筒，±0，秀之藤与深泽直人设计，2003

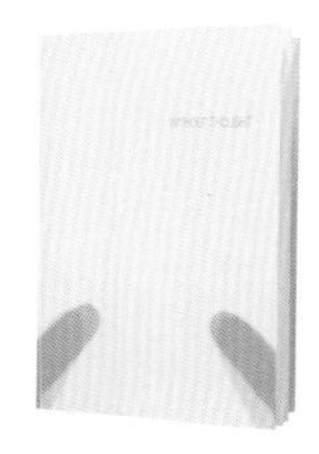

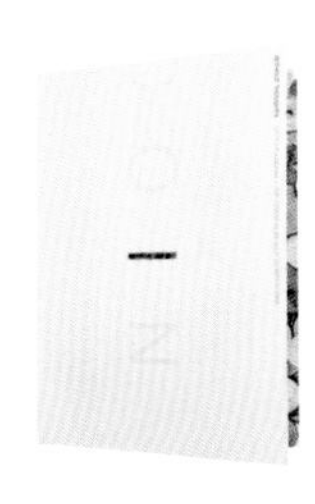

左起：
无意识设计项目，钻石设计管理网络（DMN）组织：
IDEO+DMN设计工作坊，1999
“火车手带”，IDEO+DMN设计工作坊，2001
“e-fashion”，IDEO+DMN设计工作坊，2002
深泽直人+DMN设计工作坊，2003
“垃圾桶”，深泽直人+DMN设计工作坊，2004
“硬币”，深泽直人+DMN设计工作坊，2005
“早餐”，深泽直人+DMN设计工作坊，2006

左起：
“瓦片”，INAX公司，深泽直人和萨姆·赫奇设计指导，IDEO，1998
“购物袋”，多摩（Tama）美术大学产品设计课程，1999
“设计消解在行为之中”，NTT interCommunication中心（ICC）设计工作坊，2002
“家居与生活解决方案”（日立家用电器项目），日立，深泽直人和里卡（Ricca Tezuchi）设计咨询，IDEO，2001
“新的国内烹饪工具”，松下电器工业，深泽直人和萨姆·赫奇，石黑 武（Takeshi Ishiguro）设计指导，IDEO，1998
“可打印的”，EPSON+IDEO设计工作坊，精工爱普生公司，由深泽直人和萨姆·赫奇设计指导，IDEO，1998
“白盒子”，NEC公司+NEC设计公司+IDEO，由深泽直人和萨姆·赫奇设计指导，IDEO，1997

左起：
精工力量设计项目（SEIKO Power Design）：
2002
2003
“电波控制手表”（Radio Control Watches），2004
“Fascination”，2005
“STANDARD”，2006

From Object to Relationship
从物到关系

TIM BROWN
蒂姆·布朗

高度表，AVOCET，1990

左心室以及辅助系统，Baxter，与蒂姆·帕西（Tim Parsey），珍·富尔顿苏瑞（Jane Fulton-Suri），彼得·斯普林博格（Peter Spreenberg）和罗宾·莎（Robin Sarre）在IDEO合作设计，1990

1988年秋天，我刚到旧金山设计工作室ID TWO（就是后来的IDEO）的时候，记得办公室经理给我一本作品集，让我阅览。我打开灰色的文件夹，看见一系列精美的产品设计图片，从本田方程式赛车队的手表到秒表，再到手持扫描仪原型，所有这些都是给日本精工爱普生公司设计的产品。这是我第一次接触到深泽直人的设计。

随后的18年里，我和深泽直人一直有很好的机会一起合作，也看到了他从一位物的设计师变成一位关系的设计师的过程。我发现这位娴熟而严谨的工业设计师独创了一种设计产品的方法，这种方法完全依赖于我们对所在的有形世界的情景和关系的深度理解和感知。

深泽直人采用的是一种以人为中心的独特设计方法，他认为人、物（或者空间），以及它们之间的关系必须要作为一个系统进行考虑，系统里的每个元素相对整体的位置都应该是和谐的。其结果就是，物有了目的感，同时还具有灵活的解释和效用的适应力。他的作品挑战着设计师对新奇的理解，他专注于物和人之间的关系，这让他能够构建出隐含而可辨认的形式。他对混淆了目的的形式化创新并不感兴趣。实际上，通过他对世界的观察，他的物具备一种被移除了所有形式的感觉，同时也有一种标志性的形式化表现。

“手艺”是能够准确地用在深泽直人作品上的词，他的作品不仅具有简单的“手工艺”感，还有一种不断利用多次创作迭代和不断学习的深思熟虑的感觉。他早年在硅谷的时候，这种方法被应用到一系列一次性项目中，包括AVOCET高度表、为Vecta设计的堆叠起来的椅子和为Baxter设计的心脏泵控制器。从这些作品中，可以第一次非常清晰地看到以人为中心设计的影响。深泽直人开始探索更复杂的表面形式，尽管总是受到几何约束。他对高科技物品和人类之间的技术性与物质性达成和谐非常感兴趣。在心脏泵控制器上，我们可以看见适合人体的波形表面肌理（它是被设计用来戴在腰带上的），这种设计不仅使人们感觉更舒服，满足了物质需求并且反映了设备极致的技术性，还提供了更大的可以用于冷却的表面。

这些第一次关于物的探索在意识层面触及到使用者的设计源于深泽直人在日本的经验，虽然这些设计是为美国公司和美国市场创作的。有趣的是，他下一次思维上的主要发展发生在为日本公司NEC进行一系列项目设计的时候。与比尔·莫格里奇和布莱恩·斯图尔特（Brian Stewart）一起，深泽直人引导了一个设计策略的项目，给NEC的工业设计带去了更加一体化、以人为中心的设计方法，策略基于对美国、日本和欧洲市场用户彻底的研究而提出的一系列原则，这些原则导致了一种形式化的语言，它的意图非常明确，就是要让计算机能够更容易被理解和使用。

这种以人为中心的哲学产生于NEC“温室”项目，也是深泽直人第一次总结自己的想法并描述他个人对设计的观点。那时，IDEO很幸运的拥有一支天才般的工业设计团队，大家一起在旧金山工作，他们中的许多人都是刚刚开启职业生涯。在日常繁忙的项目中，团队缺乏讨论一些更广泛前景的对话和机遇。于是，我在办公室里发起了“观点”话题，在工作室休息的时候，请每个设计师依次进行一小时有关他们自己工作的演讲。我请深泽直人——工作室里最有经验的设计师第一个做了分享。这个分享，后来出版了一本书，他命名为“Hari”，这本书是他对以人为中心的形式设计的观点表述，这些观点虽然深深地受到了日本文化和日本人感性的影响，但却引起了来自欧洲和美国高科技公司设计师们的共鸣。

上：阴极射线显示器
下：作为“温室”项目中某一部分的随极射线管显示器，NEC，1993

在此时，深泽直人从物的设计师变成为关系的设计师。他从物的外部一步步进入，以便于能够更好地理解和思考用户的需求和心理。然而，他需要回日本，创建IDEO东京办公室，进入他职业生涯的下一阶段。我相信，这是必要的，因为他希望更明确地在物和人之间的关系空间中工作。通常大型科技公司的客户在当时和现在都不习惯超越物的功能和技术来讨论设计问题，这需要卓越的说服力和严密的论证，以鼓励营销和工程的执行者们去理解设计关系中的人和情感的表达。为此，深泽直人需要用他的母语和他的本国文化去工作。

在他回到日本不久，深泽直人就开始通过简单的交互元素探索人在物中行为的概念，比如基于LED显示屏，最终创作了“个性化天空”（一个在2001年为纽约现代艺术博物馆所做的概念设计）。在这个设计中，他使用标志性的物和嵌入式的科技来探索我们与通信技术以及空间在场感的关系。设计的主题是人和物之间，或者空间之间的关系。他把短暂的、幽灵般的似乎留在椅背上逐渐退却的衣服影像和通信链路另一端的天空影像，带入到这个中心区域。在“个性化天空”中，体验是物与人共同创造出来的。

如今，他继续打造着物和人之间的关系，仔细地观察世界和人们交互的方式。他与日本公司设计师们一起创作的“无意识设计”系列，就是一个优秀的例子，即观察的意识过程导致洞察到了潜在关系，再进而产生了有意义和关联的物。深泽直人为他自己的品牌PLUS MINUS ZERO（±0）所设计的近期作品，展示了他对设计关系的精湛技艺，也非常清晰地表明了他并不考虑结束这段美好设计旅程的意愿。

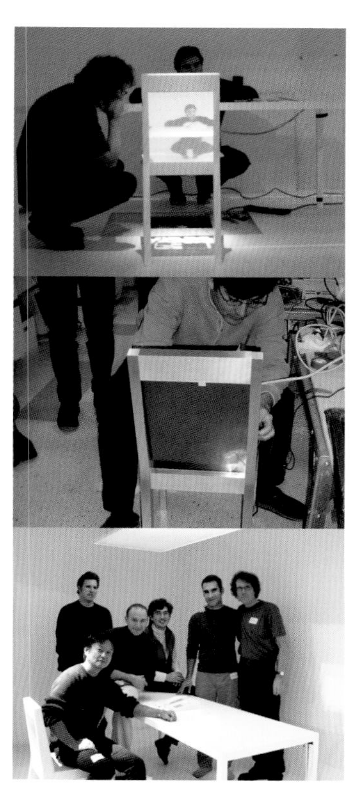

正在为“wordspheres”展览搭建“个性化天空/灵魂留在了背后的椅子”装置，纽约现代艺术博物馆，2001，P28

Naoto Fukasawa was Napping Mid-Pacific
深泽直人在太平洋中央小憩

KENYA HARA
原研哉

深泽直人和我一起为无印良品做设计。作为咨询委员会的成员，深泽直人负责产品，我则负责传达设计。我们经常会讨论公司的愿景，也经常以志愿者身份参加日本设计委员会、设计展览或者类似的活动。在这些活动中，他是我最经常见到的朋友。虽然深泽直人常常沉浸在设计中，但是我经常发现商务旅行中也会有他的身影。我自认是一个设计工作狂，虽然是在传达设计领域（可能我也不能这么说），为了思考的范围可以更广泛一些，我会在设计之余休息一下。而产品设计师，则必须要一直保持着对人和材料的关注，任何空闲时间都会花费在绘制下一个新的形状上。这也是为什么每次我和深泽直人在一起时，他都会沉浸在设计之中。和他一起乘坐飞机，每一样东西，从餐具的形状到叉子的模塑材料，再到可以放杯子的托盘圆形凹槽，都会成为他推敲的主题。很显然，深泽直人选择产品设计师为自己的终生角色，是正确的。他的能量都用于服务世界了，这是使用他的资源的最合适的方式。

我第一次遇见深泽直人是在1999年秋天。我正在计划2000年的“再设计”（Re-Design）展览，他是参展的艺术家之一。展览是一场实验，要重新设计我们日常耳熟能详的东西。我希望通过对已有物品和它们重新设计之后的样子做对比，揭示出引人注目的真相，即人类已经开始通过“设计”来表达。深泽直人带来的是茶包（在这本书里已经展示过），他的设计显示出他的想法与其他的设计师是多么的不同。那时，他用术语“可供性”（affordance）来解释他的概念。

假如你开车载着你的女朋友，此时，你停下来在售货机上买咖啡。当第一杯咖啡接满，你需要找一个地方把它先放下，否则你不可能有多余的手塞硬币再买下一杯。你环顾四周，并看到车顶：它刚好有适合放咖啡的高度。于是你抛开礼节，把咖啡放在车顶上，然后购买第二杯。车顶不是桌子，但是在那样的情境下，它就成了桌子。车顶“供应”了放咖啡杯行为的便利。

深泽直人不断地搜寻可以放咖啡的车顶。我不会忘记他给我展示他的设计时，脸上那灿烂的笑容。一个网球鞋底被附着在一个手提袋底部，手提袋底部和鞋底的尺寸是一样的。我想：“一个带有鞋底的手提袋，这得有多棒？”接着他给我看了一张精彩的照片，一位穿着同样网球鞋的女孩，手提袋放在她的旁边，就像女孩

的第三只脚，我立刻意识到袋子也有了它可以“站在地上的脚”。我真正理解深泽直人的设计了，这不是一个手提袋，而是一个激发人们情感的精巧设计。这让他乐此不疲。当然，这款手提袋并没有先例，也没有人有过这样的想法——深泽直人真是个天才。

我记得有次深泽直人说了句类似的话：“我正在小憩，在太平洋中的一个孤岛上。”换句话说，他有一个其他人所没有的想法，他的想象在一个荒芜的小岛上，在灵感的海洋中，只有他一人。在惊人的驱动力之下，他现在刚刚开始将挖掘想法的脉络至最大化，并建立了一个工业综合体来提炼它们。他的想象力之丰富令人吃惊，我丝毫不奇怪欧洲品牌为什么都会请他去做设计，这并不是为了趋势或者时尚，这是对设计思维的共鸣，是设计提供了如此之多的可持续被唤醒的意识。

深泽直人说他所做的全部就是“将石块堆在他的山中小屋旁”。他一直在发掘石头，寻找可以安放它们的地方，并且不用任何方式打磨它们。这种石头可能在一百个里面只有一个有着刚好适合环境的形状，但是他会一直寻找，直到找到它。这是非常自然的深泽直人式的消遣。他曾邀请我周末去他的小屋。到了那里，我可以确信，他会给我煎溏心蛋，因为他最近正在学习煎蛋技术，然后，他会带着我再次沉浸在设计之中。

ACKNOWLEDGMENTS
致谢

写这本书，给我一次可以很好地回顾过去的机会。可以说，我所参与的设计没有一个是容易的。使得项目非常困难的不是市场和技术问题，而是处理包含于这些领域中的人的复杂性。我花费大量时间来交换信息，让人们保持顺畅地交流。当然，也有许多帮我把困难的项目保持在正确方向上的人。参与其中的人的想法和能量变成了思考的媒介，让我的设计成果比我最初设想的还要好。这些都不是容易的项目，但是我不会痛恨这些令人抓狂的信息交换。难与不难，我都不可能仅靠自己就获得任何一个令人满意的设计。这本书里充满了在这些设计过程中曾经帮助过我的人们的想法和艰苦的工作。

我要感谢我的团队——深泽直人设计公司所有员工，他们与我一起日复一日地工作；感谢我的客户们，带给我极具挑战的设计主题和“不可能实现”的需求；感谢技术人员和生产人员，当那些“不可能的需求”被强加在他们身上时，他们毫无怨言地帮助我实现；感谢商业人员和模型制作人员，他们创造了真正好的模型，甚至一次次返工，重新制作模型并忍受着我事无巨细的唠叨，希望这本书的出版也可以让他们感到高兴。

关于另外五个对此书做出贡献的人：

作为生态心理学家和可供性理论的学习者，**佐佐木正人（Masato Sasaki）**揭开了人、物和环境之间的关系。他使用客观研究的课题所决定的事实，阐释了在艺术和设计中模糊不清的情感表达，使这种情感表达变得容易捕捉了；他把我从设计中获得的经验翻译为术语——“寻找核心意识”。

艺术家**安东尼·格姆雷（Antony Gormley）**抛弃了老套的以材料为中心的思维，价值不仅仅来自于雕塑或者材料本身。通过他的作品展示了价值会通过艺术作品与它周围的媒介和环境的关系而显现出来，这对我的思想和作品产生了很大的影响。

比尔·莫格里奇（Bill Moggridge）开创了一个新的、被称为“交互设计”的设计领域，他是一位以人为中心进行设计的倡导者，他通过使复杂的、多功能的电子设备变得易于理解和易于使用成就了许多产品。我与他一起在美国工作的七年是一段重要的时期，是我在思考人和物之间关系的时期，也是一次巨大的机会，让我可以客观地研究日本文化和美学。我曾在美国这样远离日本的地方，贯彻过这种交互设计的意识，并将其升华为美。比尔和我在回到日本的时候参观过明治神宫，明治神宫本身就是一个可以体现这些观念的案例。

设计师**蒂姆·布朗（Tim Brown）**从伦敦移居到加州，我们一开始在美国ID TWO的工作。他有着独特的天赋，可以将设计的敏感性与商业以及管理的敏锐结合在一起，因此，他后来成了IDEO的高管。我们一起合作了许多项目，分享共同的设计意识，我们都被当做设计师培养。IDEO是产品和技术开发公司，在那里我和一个由工程师、人因专家以及交互设计师组成的团队一起工作。在这本书里介绍的许多成功设计必须归功于团队成员和蒂姆，是蒂姆将团队团结在一起的。在IDEO这样的大公司做设计师，我可以不被自己的职位束缚。能够让我自由工作，使我一直保持这样“自由自在”的人就是蒂姆和现任CEO大卫·凯利（David Kelley）（译者注：深泽直人写此书时，IDEO的CEO是大卫·凯利，现任CEO是蒂姆）。我总是非常感激他们对我的这种特殊照顾。

我第一次见**贾斯珀·莫里森**是在20世纪90年代的后半段。在开始的十年里，我苦恼于日常基础的设计，这不同于苦行僧的禁欲；从某种程度上说，它是令人享受的煎熬。有一天，我突然瞬间有了终于理解所有一切的感觉，这种感觉类似哲学上的顿悟；它并不像传说的黑暗中的一道曙光，它更像是一种解脱的感觉，类似“啊！我明白了”的感觉。我记得当时贾斯珀就站在旁边，我并没有很兴奋的一直沉浸在顿悟的喜悦中，而是淡定地朝他走去。之后，我和他就像亲密的朋友一样经常见面，我经常从他的设计、文字和行为中受到启发，也时常感觉到惊喜和震撼。我想，他其实在我“解脱”的过程中帮助我很多。

关于这本书中的摄影师：

我在1987年遇到**佐佐木秀丰（Hidetoyo Sasaki）**，在我决定去美国之前，他为我的作品集拍摄了照片，这些照片给我申请工作的设计公司留下了深刻印象。从那以后的20年里，他一直是我的御用摄影师。20世纪90年代中叶，我恳请他为我改变拍摄方式，希望他可以直接拍摄物品，就拍它们原本的样子，不需要考虑光线、角度或者透视问题。尽管他喃喃自语道这样拍照的难度太大，但依然开始按照我的要求，拍摄我的作品。他的镜头能够捕捉到所有的细节。如果镜头在拍摄过程中颤抖，拍出来的部分形状就会出现问题，即便这样，我认为这个照片仍然有效。

伊藤彰启（Akihiro Ito）虽然是一位年轻的摄影师，但在他的作品里已经有了某种特质。他比其他人能够感知到物品四周氛围里更多的细节。他知道如何将物品的存在融合到四周的氛围中，而不需要夸大物品的存在。他被告知必须在非常短的时间内完成这本书大量照片的拍摄，他竟然很轻松就做到了。

这本书的封面图片是**藤井裕久（Tamotsu Fujii）**为无印良品拍摄的。直到现在，我还没有请他为我拍过照片，但是他经常被平面设计师和出版社请去拍摄我的作品。让我惊讶的是，藤井裕久拍摄的照片和我看自己的作品有很大差别；当我从他的角度看我的设计时，总会大吃一惊。当一个人能够从我亲眼所见的东西上感受到不同的世界时，这让我意外感受到自己显然在用一个新的视角看待事物。从藤井裕久的拍摄作品中，你会感受到氛围的层次感，我知道氛围是存在的，只是用肉眼看不到。

我也想衷心感谢原研哉参与这本书，并为此撰文。设计一本书不仅仅靠设计，还需要大量的编辑工作。为了表达出我对设计的感觉，原研哉删减了所有多余的信息和所有多余的解释。这本书有很多他认为的“不太容易理解的价值”。因为他理解我的作品，所以他能够实现这个设计，为此我非常高兴。原研哉的助理设计师，**雪代·丽达（Yukiyo Ieda）**，认真地跟进这些大量的工作，直到本书出版，我也非常感谢她。

我还想感谢翻译——**玛迪·三宅（Mardi Miyake）**，以及其他参与翻译此书的人，他们将我空泛的、意识形态层面的、甚至思维脱节的句子转换成英语，却依然保留住了日语的细微之妙处。

最后，我想深深地感谢费顿（Phaidon）出版社的理查德（Richard Schlagman），他给了我出版此书的机会；感谢编辑**伊米莉亚·泰拉尼（Emilia Terragni）**、项目编辑**佐伊·安东尼奥（Zoe Antoniou）**和**迭戈·加西亚（Diego Garcia Scaro）**，他们都在这本书的编辑工作中投入很多，并且给了我很多很好的建议以提升它的质量。

Exhibitions
展览

NAOTO FUKASAWA
深泽直人

2007 **理想住房(ideal house07)** 科隆国际家具展(imm cologne),德国

2006 **上海双年展,**"紧急出口灯",上海美术馆,上海,中国
"设计与尊重",展示空间设计,松屋银座展厅,东京,日本
"超常规", 巡回展览,与贾斯珀·莫里森合展,AXIS画廊,东京,日本,2006.6/Twentytwentyone,伦敦,英国,2006.9
"无意识设计,早餐",深泽直人+DMN(钻石设计管理网络,Diamond Design Management Network)设计工作坊展览,项目和设计指导,le bain画廊,东京,日本
施华洛世奇水晶宫,"宇宙",米兰设计周,米兰,意大利,2006.4/伦敦设计节和100% Design 2006,伦敦,英国,2006.9
斯德哥尔摩家具展,嘉宾,斯德哥尔摩家具展,斯德哥尔摩,瑞典

2005 **"史努比生活设计展"**"名流","午睡","月球漫步者",巡回展览,东京国际论坛,东京,2005.11/三得利博物馆,大阪,2006.7/松坂屋(Matsuzakaya)大厅,名古屋,日本,2006.10
T型屋项目,"替代的天堂"(Alternative Paradise) "ISHI"(Driade),"T-server",21世纪当代艺术博物馆(21st Century Museum of Contemporary Art),金泽,日本
光州(Gwangju)设计双年展 2005, 金大中会展中心,韩国
"无意识设计,硬币",深泽直人+DMN设计工作坊展览,项目和设计指导,D&Department,东京,日本
十英镑之下,"什么是好设计?", 深泽直人选品展,设计博物馆,伦敦,英国
伊塔拉(iittala)鸟奇迹,"Oiva Toikka鸟收藏",展览指导与空间设计,松屋(Matsuya)设计画廊,东京,日本

2004 **"无意识设计,垃圾桶"** 深泽直人+DMN设计工作坊展览,项目与设计指导,松屋设计画廊,东京,日本
日本现代100设计展(Japanese Design today 100),川崎市博物馆,图片画廊,川崎,日本
"我们认为存在但其实并不存在的东西",个展,Watari当代艺术博物馆,东京,日本
室内双年展,"设计解剖","INFOBAR",科特赖克(Kortrijk),比利时
DANESE米兰,"简单的前沿",展示空间设计,imoaraizaka 5days-gallery,东京,日本
FUSION,"建筑+设计在日本",以色列博物馆,耶路撒冷
"触觉"(HAPTIC),Takeo纸业展2004,"果汁皮肤",螺旋花园大厅,青山,东京,日本
Design21,"爱,为什么?""8英寸LCD TV"(±0),"加湿器"(±0),等,巡回展览,由联合国教科文组织与Felissimo公司联合组织,巴塞罗那论坛,巴塞罗那,西班牙,2004/日本,2005.春/神户,日本,2004.冬/纽约,美国,2005.5/巴黎,法国,2005.10
六本木交叉路口,"新视线 日本当代艺术 2004","紧急出口灯",森美美术馆,东京,日本

2003 **"Visualogue",2003平面设计大会,**"紧急出口灯",名古屋会议中心,名古屋,日本
"无意识设计",深泽直人+DMN设计工作坊展览,项目与设计指导,无印良品,东京,日本

2002 **"优化——原初形态的设计",**展览指导,松屋银座展厅,东京,日本
"无意识设计,e-Fashion",IDEO+DMN设计工作坊展览,项目与设计指导,Version画廊,东京,日本
新学校工作坊展览,"消解在行为中的设计","个人天空/灵魂留在椅背上的椅子",项目与设计指导,由NTT Inter通信中心(ICC)组织,ICC,东京,日本

2001 **埃姆斯椅(Eames Chair),"整体的细节",**展示空间设计,松屋设计画廊 1953,东京,日本
前田约翰(John Maeda),"后数字化" 展览空间设计,ICC,东京,日本
TAKEO纸业展2001,"白纸","A4灯",螺旋花园大厅,青山,东京,日本
"无意识设计,火车手环",IDEO+DMN设计工作坊展览,项目与设计指导,Ozone生活设计中心,东京,日本
"Workspheres","个人天空/灵魂留在了背后的椅子",现代艺术博物馆,纽约,美国

2000 **"RE-DESIGN",TAKEO纸业展 2000,**"茶包",螺旋花园大厅,青山,东京,日本

1999 **"无意识设计",**IDEO+DMN设计工作坊展览,项目与设计指导,生活设计中心,东京,日本/Now!,巴黎,法国,2000
"可打印的",爱普生+IDEO设计工作坊展览,巡回展览,项目与设计指导,"设计评价",设计博物馆,伦敦,英国/Ozone生活设计中心,东京,日本,1998/国际设计' 99,由贾斯珀·莫里森展示,柏林国际设计中心,柏林,德国,1999
"白盒子" NEC+IDEO设计工作坊展览,项目与设计指导,TN Probe,东京,日本/"设计评价",设计博物馆,伦敦,英国,1997

1995 **"异质材料当代展"**(Mutant Materials),"灯之开关的探索+细节/计算机处理器支持",巡回展览,现代艺术博物馆,纽约,美国/Ozone生活设计中心,东京,日本,1996

1992 **设计评论,**"高度表"(AVOCET),设计博物馆,伦敦,英国

1990 **Steelcase公司的设计伙伴,"世界材料",**巡回展览,库珀-休伊特(Cooper-Hewitt)博物馆,纽约,美国

Design Awards
设计奖项

2006 **Good Design设计奖，日本，** 纳米防护（Nanocare），头发吹风机，三菱电子工业／i-U，系统浴室，三菱电子工作／空气净化器，±0／neon，手机，KDDI
现代艺术博物馆收藏，纽约，美国； neon，手机，KDDI／加湿器，±0／INFOBAR，手机，KDDI

2005 **第五届织布奖（Oribe Award），日本**
Good Design设计奖，金奖，日本，加湿器，±0
Goode Design设计奖，日本
无绳电话，±0／热水饮水机，±0／多频(Multisync)，LCD显示器，NEC显示解决方案，NEC／Viseo，Diamond-crysta，LCD显示器，NEC显示解决方案
iF产品设计奖，德国，家庭影院投影仪 HT410， NEC／多媒体投影仪 VT470，NEC／INFOBAR，手机，KDDI
iF产品设计奖，金奖，德国， 碎纸机，无印良品
现代艺术博物馆收藏，纽约，美国， 壁挂式CD播放器，无印良品

2004 **亚洲设计奖（Design for Asia Award），**香港地区， INFOBAR， 手机， KDDI
Good Design设计奖，日本， VT70系列，DLP投影仪，NEC／±0 新设计品牌，TAKARA／碎纸机，无印良品

2003 **Good Design设计奖，日本，**INFOBAR，手机，KDDI／Diamondcrysta RDT186， RDT176， RDT156，RDT184， RDT201H， LCD显示器，NEC-三菱电子成像系统／书型CD播放器，无印良品／空气净化器，无印良品／设计发展项目提供者，凹设计项目，KDDI
每日新闻（Mainichi）设计奖，日本

2002 **Good Design设计奖，日本，**"个人天空／灵魂留在背后的椅子"，现代艺术博物馆，纽约，美国／NF-01，按摩椅，室内办公／电饭煲，无印良品／收据打印机，爱普生
iF产品设计奖，金奖，德国， 壁挂式CD播放器，无印良品
设计周末奖（Design Week Award），英国， 壁挂式CD播放器，无印良品

2001 **国际设计杂志第47届设计奖，美国，**White reset，NOEVIR
Good Design设计奖，日本，电冰箱，无印良品／"无意识设计"，IDEO+DMN

2000 **Good Design设计奖，日本，**壁挂式CD播放器，无印良品
国际设计杂志第46届设计奖，美国，"无意识设计"，IDEO + DMN
IDSA／IDEA设计奖，金奖，美国，"无意识设计"，IDEO+DMN

1999 **iF产品设计奖，德国，** LT-1000，LCD投影仪， NEC

1998 **D&AD 收藏， 英国，** MD-1000，彩色打印机，ALPS
设计创新，埃森，德国， MD-1000，彩色打印机，ALPS
国际设计杂志第46届设计奖，美国，多频CS500，显示器，NEC／可打印的，爱普生
iF产品设计奖， 德国， MD-1000，彩色打印机，ALPS

1997 **Good Design设计奖，日本，**MD-1000，彩色打印机，ALPS
iF产品设计奖，德国，ViewLight V600，LCD投影仪，NEC

1996 **D&AD收藏，银奖，英国，**ViewLight V600，LCD投影仪，NEC
Good Design设计奖，日本，ViewLight V600，LCD投影仪，NEC
IDSA／IDEA设计奖，金奖，美国， Vison Zone，概念，IDEO
国际设计杂志第42届设计奖，美国，Vison Zone，概念，IDEO
iF产品设计奖，德国，PC-PJ611，LCD投影机，NEC

1995 **国际设计杂志第41届设计奖，美国，**灯之开关，概念，IDEO
Good Design设计奖，日本，PC-PJ611，PC-KM154，显示器，NEC

1994 **设计创新，埃森，德国，**Ultralite Versa，笔记本电脑，NEC

1993 **国际设计杂志提名奖，美国，** CPU支架，Details

1991 **IDSA／IDEA设计奖， 金奖， 美国，** Ultrasound成像系统，Acuson
IDSA／IDEA设计奖，铜奖，美国，左心室心脏辅助系统，Ba×ter
国际设计杂志第37届设计奖，美国，左心室心脏辅助系统，Ba×ter／ Ultrasound成像系统，Acuson
现代艺术博物馆永久收藏，美国： Nana，堆叠椅， Metro家具

1990 **国际设计杂志第36届设计奖，美国，** Nana，堆叠椅， Metro家具

Biography
作者小传

深泽直人出生于1956年，日本山梨县人。1980年毕业于东京多摩(Tama)美术大学产品设计系。入职精工爱普生之后，他参与了手表与其他微电子设备的先进设计。1989年，他前往美国并加入了旧金山产品开发和设计咨询公司ID TWO（IDEO的前身）。那时候，硅谷快速地发展着，他主要参与了计算机相关企业的设计工作。1996年，他回到日本建立了IDEO的东京办公室。在为主流的日本公司提供设计咨询的同时，他为公司内部设计师开展了"无意识设计"工作坊。2003年，他独立出来并创建了深泽直人设计公司，参与了范畴广泛的不同的产品设计，从微电子设备，比如手表和手机，到家具和室内装饰。他为KDDI设计的手机INFOBAR和neon，为无印良品设计的壁挂式CD播放器，获得了世界的关注。2003年，他发布了PLUS MINUS ZERO（±0），一个新的数码家用电器与日用产品品牌。从2005年开始，他与意大利、德国、瑞士和北欧的公司合作项目，比如B&B、Driad、Magis、DANESE、Artemide、Boffi、SWEDESE和Vitra。与此同时，也为日本制造公司的领导者们提供设计咨询服务，担任无印良品的设计顾问，参与家用产品的设计指导。

2005年，他与英国设计师贾斯珀·莫里森发起了"超常规"展览。2006年6月，"超常规"的首场展览在东京和伦敦举办。他赢得了50个奖项，包括美国IDEA设计金奖、德国iF设计金奖、设计创新奖、英国D&AD奖以及日本的Good Design设计奖，Mainichi设计奖和Oribe奖。

深泽直人的著作还包括：*An Outline of Design*（TOTO Shuppan），以及与其他人合著的*Optimum* (Rikuyosha)，*The Ecological Approach to Design*（Tokyo Shoseki）。他是武藏野（Musashino）美术大学的教授，多摩（Tama）美术大学统合设计学系创办人兼主任教授。他也是21_21 DESIGN SIGHT（三宅一生基金会，于2007年创建）的总监。

LIST OF WORKS
作品列表

打印机
1998

精工爱普生公司／日本／
爱普生+IDEO打印机设计工作坊
“可打印的”／原型／ABS不锈钢／
H1000 × W480 × D300 毫米／IDEO时期

P16-17

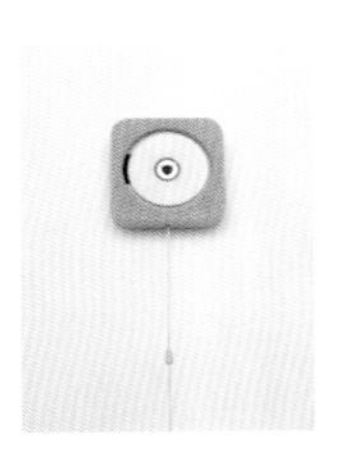

CD 播放器
1999

壁挂式CD播放器／Ryohin
Keikaku（无印良品）／日本／ABS／
H172 × W172 × D41 毫米／IDEO时期

P18-21

瓷片灯
1998

灯／INA×公司／日本／
原型／蚀刻玻璃，金属／
H98 × W98 × D80 毫米／IDEO时期

P22-23

收据打印机
1999

热敏收据打印机／精工爱普生公司／
日本／聚苯乙烯／
H148 × W140 × D201 毫米／IDEO时期

P24-25

LED手表
2001

DMN+IDEO设计工作坊展览
“无意识设计，e-Fashion”，日本／
原型／LED设备，聚氨酯／
H135 × W25 × D10 毫米（含表带，
平放时）／IDEO时期

P26-27

个性化天空
灵魂留在了背后的椅子
2001

“Workspheres”展览，现代艺术博物馆，
纽约，美国／
与MoMA个性化天空项目组的IDEO团队成员
一起（Bob Arko，Craig Syverson，Deuce
Cruse，Andre Yousefi，Greg Tuzin，Kristi-
ana Elite，Ben Chow，Doug Bourn）

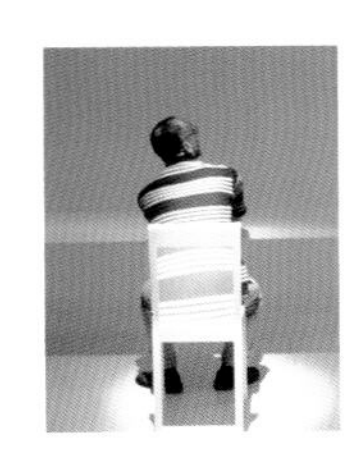

个性化天空
LCD投影仪，框架：金属，
屏幕：亚克力纤维，桌子：铝／
屏幕：W1950 × D700 毫米，
桌子：H725 × W1950 × D700 毫米

灵魂留在了背后的椅子
铝，LCD显示屏／
H850 × W400 × D490 毫米

P28-31

动能自动续电
1998

腕表／精工／日本／原型／不锈钢，树脂／
Φ60毫米／IDEO时期

P32-33

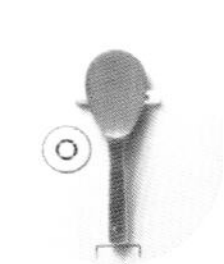

电饭煲
2002

Ryobin Keikaku（无印良品）／日本／聚丙烯／
H221 × W228 × D250 毫米／IDEO时期

P34-35

茶包+指环
木偶
茶包+染色的茶
2000

茶包／“RE-DESIGN”，TAKEO纸业展
2000，日本／项目编辑：Takeo公司／
计划&组织者：原研哉

茶包+指环
茶包，指环：玛瑙／
包：H60 × W40毫米，指环：Φ × 4毫米

木偶
茶包，纸／包：H64 × W58毫米，
标签：H33 × W33毫米

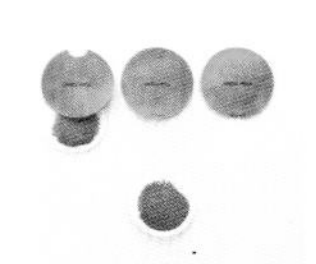

茶包+染色的茶
茶包，纸／Φ61毫米

P40-43

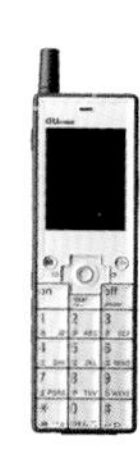

INFOBAR手机

2003

手机／KDDI／日本／p47：原型／
镁，聚碳酸酯，ABS，亚克力纤维／
H138 × W42 × D11 毫米／IDEO时期

P44–47

ISHICORO手机

2002

手机／KDDI／日本／
原型／聚碳酸酯，ABS，亚克力纤维／
H82 × W57 × D31 毫米／IDEO时期

P48–48

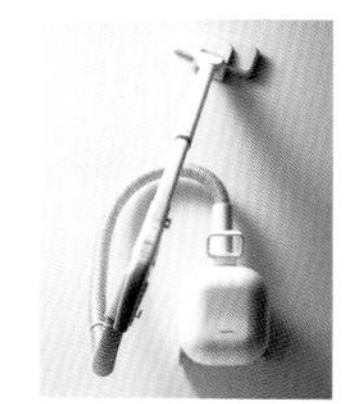

洗衣烘干一体机
真空吸尘器

2001

日立／日本／日立家用电器项目／
原型／IDEO时期，
由深泽直人+日立设计部门

洗衣烘干一体机
ABS，预涂金属／
H90 × W600 × D600 毫米

真空吸尘器
ABS／
H185 × W6 × D262 毫米（没有手柄）

P50–53

EKI手表

2002

腕表／精工手表／日本／
精工力量设计项目／原型／黄铜，织布／
H230 × W40 × D9.5 毫米（包含表带，
平放）／IDEO时期，
由深泽直人+Sachiko Matsue设计

P54–55

按摩椅

2002

按摩椅“NF–01”，脚凳“NF–02”／
室内办公／日本／
椅子：聚酯纤维100%（面料），钢／
H1050 × W570 × D930 毫米，SH390毫米
脚凳：聚酯纤维 100%（面料）／
H390 × W500 × D410 毫米／IDEO时期

P56–57

空气净化器

2003

Ryohin Keikaku(无印良品)／日本／ABS／
H430 × W410 × D140 毫米／
由深泽直人+Kenta Kumagai
（日立公司设计部）

P58–59

碎纸机

2003

Ryobin Keikaku（无印良品）／日本／
聚丙烯／H400 × W270 × D420 毫米
（其他：实际设备）

P60–61

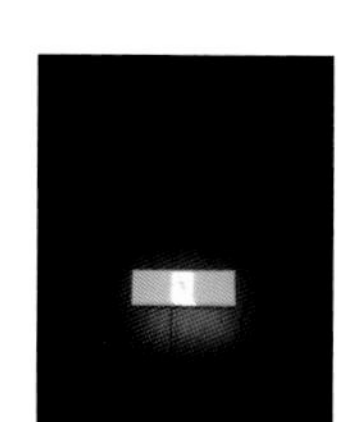

紧急出口灯

2003

“VISUALOGUE”，2003 Icograda 大会
名古屋：日本／六本木十字 “新视线之日本当
代艺术2004”展，Mori美术博物馆，东京，
日本／“上海双年展”，上海美术博物馆，上
海，中国／钢，塑料／
H255 × W661 × D85 毫米

P66–67

W11K手机

2003

手机／KDDI／日本／
ABS，聚碳酸酯，亚克力纤维／
H100 × W50 × D30毫米

P68–69

8寸LCD电视

2003

PLUS MINUS ZERO／日本／
ABS，聚碳酸酯／H173 × W214 × D171毫米

P72–73

22V LCD电视

2003

PLUS MINUS ZERO／日本／
ABS，聚碳酸酯／
H407.8 × W562.8 × D180毫米

P74–75

加湿器

2003

PLUS MINUS ZERO／日本／
聚丙烯，聚碳酸酯／
H155.5 × W305 × D305毫米

P76–77

带有圆盘的灯

2003

台灯／PLUS MINUS ZERO／日本／
聚碳酸酯，ABS／
H330 × W213 × D142毫米

P78–79

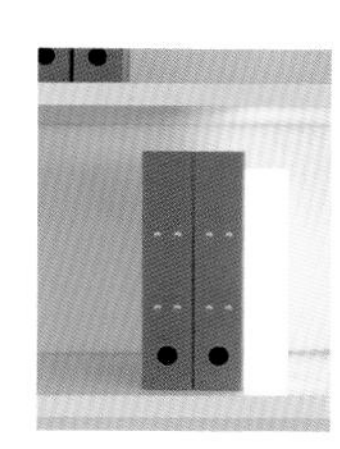

A4灯

2001

灯／PLUS MINUS ZERO／日本／
ABS，聚碳酸酯／
H53 × W297 × D210毫米

P80–81

烤面包机

2003

PLUS MINUS ZERO／日本／
钢，耐热玻璃／
H265 × W210 × D237毫米

P82–83

咖啡机

2003

PLUS MINUS ZERO／日本／
聚丙烯／H297 × W185 × D126毫米

P84–85

家用&办公电话

2003

PLUS MINUS ZERO／日本／
原型／ABS／H64 × W230 × D80毫米

P86–87

便携CD／MD播放机
2003

PLUS MINUS ZERO／日本／塑料／
便携CD播放机：
原型／H15 × W135 × D135毫米，
便携MD播放机：
H16.2 × W75.2 × D80毫米

P88-89

DVD/MD立体声组合
2003

PLUS MINUS ZERO／日本／
ABS，木料／
主体：H275 × W112 × D263毫米
扬声器：H275 × W90 × D256毫米

P90-91

瓷片毛巾
2003

毛巾／PLUS MINUS ZERO／
日本／100%棉／
浴巾：H1840 × W730毫米，
面巾：H820 × W340毫米

P92-93

鞋底包
2004

手提袋／PLUS MINUS ZERO／日本／
棉，天然橡胶，合成橡胶／
H420 × W240 × D90毫米

P94-95

网篷布手提袋
2004

PLUS MINUS ZERO／日本／
聚氨酯，PET／
H250 × W230 × D80毫米

P96-97

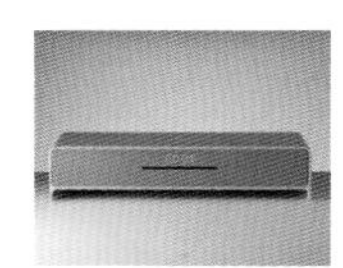

CD收音机
2004

PLUS MINUS ZERO／日本／
原型／塑料，穿孔的金属／
H95 × W430 × D180毫米

P98-99

加热器
2004

PLUS MINUS ZERO／日本／原型／
金属抓绒／H200 × Φ340毫米

P100-101

无绳电话
2005

PLUS MINUS ZERO／日本／ABS／
基座：H40 × W113 × D120毫米，
无绳手柄：H180 × W52 × D45毫米

P102-103

热水饮水机
2004

PLUS MINUS ZERO／日本／原型／塑料，
穿孔的金属／H241 × W216 × D248毫米

P104-105

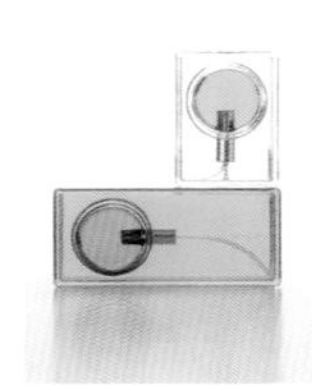

香水瓶
2004

三宅一生／日本／原型／玻璃／
H145 × W48 × D25毫米，
H120 × W55 × D25毫米，
H75 × W55 × D25毫米

P106-107

床与椅子
2004

灰椅，灰床／Ryohin Keikaku（无印良品）／
日本／灰／
椅子：H815 × W480 × D385毫米，SH450毫米
床：H820 × W2075 × D1030毫米

P108-109

哆啦A梦紧急出口灯
2004

小学馆（Shogakukan）／“Boku哆啦A梦”
杂志／日本／概念图片

P110-111

果汁皮肤
2004

果汁包装／“触觉（HAPTIC）”，
Takeo纸业展2004，日本／
项目编辑：Takeo公司／
计划与组织者：原研哉／
原型／纸质／
香蕉：H130 × W53 × D53毫米
豆腐：H78 × W50 × D38毫米
奇异果：H78 × W56 × D40毫米
草莓：H67 × W55 × D33毫米

P112-115

BINCAN系统
废纸篓，衣帽架，桌子，雨伞架，落地式烟灰缸：2004，落地灯：2006

DANESE／意大利

废纸篓
ABS／H385 × Φ300毫米

衣帽架
涂漆的金属／H1750 × Φ215毫米

桌子
涂漆的金属／H720 × Φ480毫米，H680 × Φ480毫米，H680 × Φ600毫米

雨伞架
涂漆的金属，ABS／H850 × Φ300毫米

落地式烟灰缸
涂漆的金属，三聚氰胺／H750 × Φ260毫米

落地灯
涂漆的金属／H1750 × Φ215毫米

P124-125

碗灯
2005

落地灯／Yamagiwa／日本／
聚碳酸酯，铝／H205 × Φ330 毫米

P126-127

台灯
2005

台灯／Artemide／意大利／
铝，聚碳酸酯／H460 × Φ185 毫米

P128-129

“X书架”

2005

书架

2006

书架／B&B Italia／意大利／
白色亚克力树脂（天然亚克力石 LG）
“X书架”：H1455 × W1310 × D370毫米
Shelf SL66: H1455 × W660 × D370毫米
Shelf SL96: H1455 × W960 × D370毫米
Shelf SL66／1: H730 × W660 × D370毫米
Shelf SL180: H370 × W1800 × D370毫米

P130–133

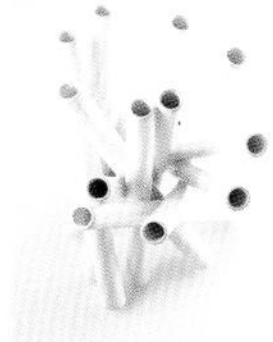

花瓶

2005

花瓶／B&B Italia／意大利／陶瓷／
H360 × W210 × D210毫米

P134–135

容器外面

2005

容器／B&B Italia／意大利／聚氨酯／
H120 × W370 × D330毫米

P136–137

容器里面

2005

容器／B&B Italia／意大利／聚氨酯／
H240 × W360 × D295毫米

P138–139

笔筒

2005

铅笔盒／B&B Italia／
意大利／聚氨酯／
Groove：H25 × W400 × D75毫米

Twist：H50 × W75 × D75毫米

P140–141

镇纸

2005

镇纸／B&B Italia／意大利／
Murano玻璃／H65 × W100 × D80毫米

P142–143

烛台

2005

烛台／B&B Italia／意大利／陶瓷／
H155 × Φ190 毫米

P144–145

沙发

2006

沙发／B&B Italia／意大利／
钢，聚氨酯泡沫，涤纶纤维，织布／
H750 × W3000 × D850毫米

P146–147

灯

2005

灯／DANESE／意大利／聚氨酯／
H300 × Φ390 毫米

P148–149

电脑包

2005

包／DANESE／意大利／聚氨酯，合成纤维／H320 × W410 × D75毫米，H320 × W370 × D75毫米

P150–151

沙发

ISHI: 2005
KOISHI: 2006

沙发／Driade／Italy
ISHI：皮革，聚氨酯泡沫，木材／H475 × W1500 × D1180毫米
KOISHI：原型／织布，木材，聚氨酯泡沫

P152–153

MUKU家具

桌子，衣帽架，椅子，小圆桌，
小方桌，凳子：2005
沙发：2006

Driade／意大利

桌子
calacatta大理石，钢，涂漆密度纤维板，
桃花心木实木／H720 × W2400 × D90毫米

衣帽架
桃花心木实木，涂漆密度纤维板／
H1800 × Φ400 毫米

椅子
桃花心木实木／
H816 × W490 × D573毫米，SH450毫米

小圆桌
桃花心木实木，涂漆密度纤维板／
H950 × Φ400 毫米

小方桌
桃花心木实木，涂漆密度纤维板／
H950 × W350 × D350毫米

凳子
桃花心木实木／
H700 × W370 × D380毫米

沙发
桃花心木，聚氨酯泡沫，皮革／
H650 × W2600 × D760毫米，SH370毫米

P154–157

Déjà–vu凳子

2005

Déjà–vu椅子和桌子

2006

Magis／意大利

Déjà–vu凳子
钢／铝／
H760 × W500 × D500毫米
H660 × W471 × D471毫米
H500 × W426 × D426毫米

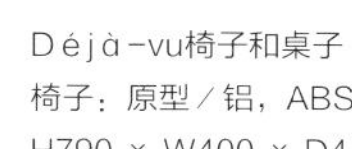

Déjà–vu椅子和桌子
椅子：原型／铝，ABS，织布／
H790 × W400 × D440毫米，SH460毫米
桌子：计算机渲染／铝，涂漆密度纤维板／
H730 × W1600 × D980毫米
H730 × W980 × D980毫米

P158–161

木质椅子和桌子
chair: 2005
table: 2006

木质小椅，餐桌 13W／Maruni／日本／
ne×tmaruni／榉木／
椅子：H810 × W382 × D462毫米，SH450毫米
桌子：H730 × W806 × D1306毫米

P162-165

手表
2005

手表365
2006

手表／三宅一生／精工仪器／日本／
不锈钢，皮革+聚氨酯涂层／
TWELVE：H8.8 × Φ38 毫米
TWELVE 365：H10.3 × Φ38 毫米

P168-169

手机
2006

手机／KDDI／日本／
聚碳酸酯，亚克力／H89 × W50 × D23毫米

P170-171

模块化浴室
2005

整体浴室／松下电器／日本

倾斜式浴缸
浴缸：亚克力人造大理石，镜子和搁架单元：塑料，地板：FRP，地板和天花板：钢，百叶窗：铝／
房间：H2120 × W1600 × D1600毫米
（都是内部尺寸）
浴缸：H480 × W1600 × D715-795毫米
镜子和搁架单元：H1850 × W330 × D330毫米

独立式浴缸
浴缸：聚酯纤维人造大理石，
淋浴配件：FRG，地板隔栅：黄杉，地板：FRP，墙和天花板：钢，百叶窗：铝／
房间：H2080 × W1600 × D2050毫米
（都是内部尺寸）
浴缸：H460 × W1400 × D750毫米
淋浴配件：H2000 × W265 × D335毫米
地板隔栅：H40-60 × W1238 × D1592毫米

滚珠笔
2006

钢笔，圆珠笔／无印良品／日本／
ABS，聚碳酸酯／
钢笔：H138 × Φ13.1 毫米
圆珠笔：H146.3 × Φ10.3 毫米

P176-177

灯
2006

吊灯／Artemide／意大利／
织布纤维，金属／H250 × Φ500 毫米

P178-179

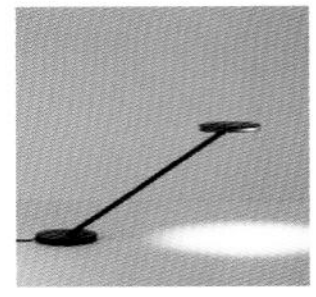

台灯
2006

台灯／Artemide／意大利／zamak，金属，聚碳酸酯／H400 × Φ120 毫米

P180-181

浴盆
2006

浴缸／Boffi／意大利／原型／cristal plant／
H550 × W1710 × D1510毫米

P182-183

椅子
2006

可堆叠的椅子／DANESE／意大利／
铝，聚氨酯／H810 × W430 × D510毫米

P184-185

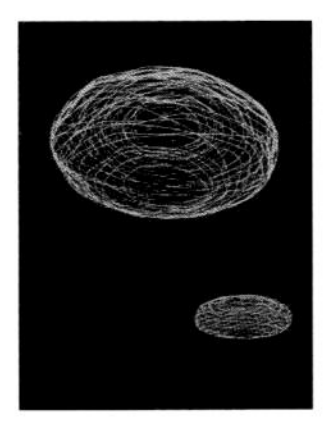

水晶吊灯
2006

吊灯／发布者：施华洛维奇水晶宫／英格兰／
电致发光（electroluminesecent），施华洛维奇水晶／H350 × Φ1000 毫米

P186-187

圆木椅子
2006

长椅，凳子，桌子／SWEDESE／瑞典／
油橡木／
L：H400 × W500 × D1500毫米，
M：H400 × W500 × D1000毫米，
S：H400 × W500 × D400毫米，
桌子：H400 × W500 × D400毫米

P188-189

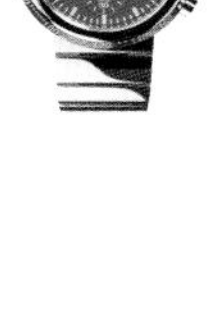

手表
2006

手表／三宅一生／精工仪器／日本／
不锈钢表壳+铝制表圈，不锈钢表带／
H10.8 × Φ39.5 毫米

P190-191

水龙头
2006

水龙头系列／KVK／日本／
ABS，黄铜，铜，陶瓷／
KM901：H152 × Φ49 毫米
KM906：H203 × Φ50 毫米
KF900：H46 × W336 × D140 毫米
KM99：H76 × W184 毫米

P192-195

办公椅
2006

无印良品／日本／原型／
钢，聚氨酯泡沫，织布纤维／
H835(——935) × W580 × D530 毫米

P196-197

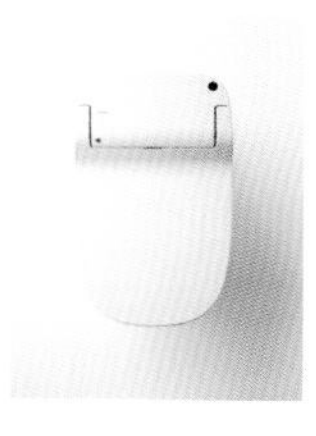

冲水马桶
2006

马桶 “A-La-Uno” ／松下电器／日本／
亚克力，ABS，铝，聚丙烯／
H498 × W396 × D650 毫米

P198-199

吹风机
2006

吹风机”nanocare” ／松下电器／日本／
ABS／H2 × W202 × D114 毫米

P200-201

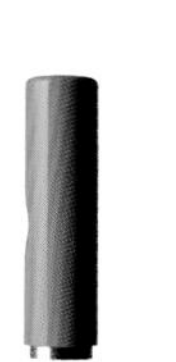

印章
2005

Shachihata／日本／原型／塑料／
H69 × Φ18.6 毫米

P202-203

朱砂印台
2005

Shachihata／日本／PBT／
H14.5 × W47.4 × D47.4 毫米
H14.5 × W57.4 × D57.4 毫米

P204-205

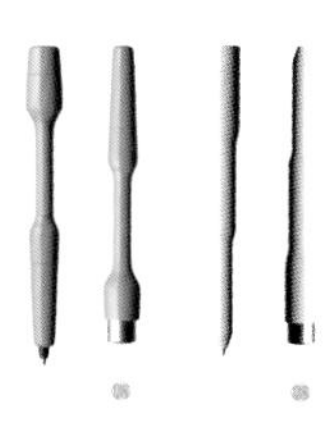

带有名字印章的滚珠笔
2005

Shachihata／日本／原型／涂漆的黄铜／
H117 × Φ16 毫米，H37 × Φ14.5 毫米

P206-207

儿童椅
2006

儿童椅／Driade／意大利／
钢，聚氨酯泡沫，羊毛／
椅子：H505 × W344 × D344 毫米，SH292毫米
凳子：H292 × W344 × D344 毫米

P208-209

儿童餐具
2006

儿童餐具／Driade／意大利／三聚氰胺／
托盘：H20 × W310 × D250 毫米
盘子：H × W136 × D136 毫米
汤盘：H48 × W106 × D106 毫米
杯子：H61 × W84 × D84 毫米
刀子：H7 × W20 × D109 毫米
勺子：H7 × W30 × D110 毫米
叉子：H7 × W30 × D107 毫米

P210-211

2.5R
2006

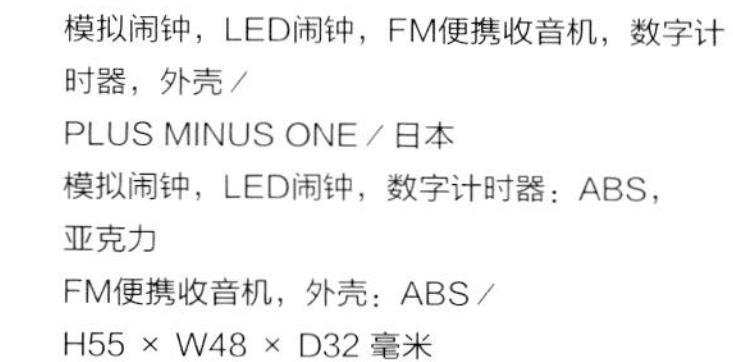

模拟闹钟，LED闹钟，FM便携收音机，数字计时器，外壳／
PLUS MINUS ONE／日本
模拟闹钟，LED闹钟，数字计时器：ABS，亚克力
FM便携收音机，外壳：ABS／
H55 × W48 × D32 毫米

P212-213

计算器
2006

PLUS MINUS ONE／日本／ABS／

H165.2 × W106.5 × D26 毫米

P214-215

空气净化器
2006

PLUS MINUS ONE／日本／
ABS，穿孔的金属／
H404 × W431 × D132 毫米

P216-217

咖啡机和茶壶
2007

PLUS MINUS ONE／日本／原型／
塑料，玻璃／
H238.5 × W219.5 × D120 毫米

P218-219

烤面包机
2007

PLUS MINUS ONE／日本／原型／
钢，聚丙烯／
H167 × W202.5 × D80 毫米

P220-221

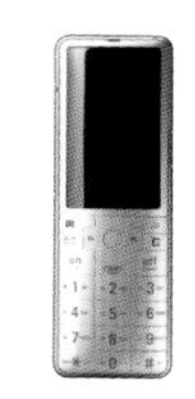

INFOBAR 2手机
2006

手机／KDDI／日本／原型／
H137.6 × W46.6 × D15 毫米

P222-223

TRARSLATOR AFTERWARD
译者后记

路意

创新加速中心Aura Marker Studio创始人&CEO

创新的手机写作应用：Zine的创始人&产品设计师

曾任华为2012实验室消费者UCD中心Leader

UXPA　China华南委员会委员，深圳市文化与创意产业协会常务董事

TEDX演讲人

从事用户体验&创新设计工作10年，从事图像与视频编解码技术研究5年

微博：@路意Louis

文：路意

今年3月，在收到湛庐文化《深泽直人》这本书的翻译邀请时，我感到非常惊讶，我的翻译经验甚少，深恐无法达到信达雅之翻译标准；况且自己也正在如火如荼地创业之中，非常繁忙，这种需要耗费大量时间与精力的工作，按照我往日做事的风格，断然是会推掉的。我之所以欣然接受，是因为我认为深泽直人的这本书是非常值得翻译的。原因有三个：

首先，深泽直人是早已享誉世界的顶级工业设计师，可能除了迪特·拉姆斯（Dieter　Rams）、乔纳森·艾维（Jonathon Ive）之外，他是大众耳熟能详的为数不多的一位设计师了。一位能为大众所知的设计师，必定长期地服务于对大众有着很大影响力的产品品牌，并且是这些产品品牌背后的灵魂人物，比如迪特·拉姆斯服务过的是德国博朗，乔纳森·艾维服务的是美国苹果，而深泽直人服务过的是日本的无印良品。他们对这些公司的产品都有着举足轻重的根本上的影响，没有他们，可能也不会有这些产品，至少它们不会是现在的样子。而这正是每一个产品设计师的梦想，即能创造出被大众所热爱的产品，并能够取得商业上的成功。他们的设计经验，自然也是每一位设计师都翘首以待的。在产品设计中，原本乐意写书分享自己设计经验的设计师就非常少，而像深泽直人这样亲自著书的大师级的设计师就更少了，能够将他的著作翻译引入，本身就是对国内设计界的一大贡献。

其次，深泽直人是一位日本设计师。国内当下充斥着的与产品设计相关的著作，几乎都是欧美设计流派的，比如《乔纳森传》这样介绍有名设计师的传记和作品集，介绍德国包豪斯设计学院、乌尔姆设计学院的设计哲学与理论的书，IDEO和Frog　Design这些美国设计咨询公司的创始人所著的介绍创新设计方法论和商业设计思维的书，也有介绍飞利浦和Sony这些曾经辉煌过的产品公司的设计案例和设计管理的书，还有一些艺术和设计学教授所写的诸如《为真实的世界设计》（帕帕奈克）、《艺术与错觉：图画再现的心理学研究》（贡布里希）、《艺术与视知觉》（阿恩海姆）等这些阐述设计的目的、责任和理论的书……这些绝大多数都是出自欧美设计师之手。

欧美的设计对世界的影响不可谓不大，这自然是与欧美国家和公司在当下的经济和商业上所取得的显著优势和主导地位有关，他们的经验自然会更有信服力。但是，这也导致了设计风格的趋同。现在，无论是工业设计还是界面设计，中国的设计都偏向欧美风（准确讲应该是山寨欧美风），其根本在于思维方式的趋同，或者说中国的设计师还在贪婪地吸吮着欧美设计的残羹冷炙而未能独立，缺乏自我思考与自我探索。这是非常危险的，不利于设计行业的健康发展。而深泽直人这样一位有着30多年丰富设计经验并且取得过诸多成就的日本设计师，他对设计的思考必然有着不同于欧美流派的独特之处。事实也的确如此。他的设计经验，将会给已经取得了世界第二大经济体地位的中国，带来一缕新鲜空气，也可以给中国有所追求的设计师们和企业家们带来新的视野与思考：中国的产品设计应该向何处去？

深泽直人的成名时期正是日本经济高度发展的时期，即20世纪90年代至21世纪初，日本曾经一度是世界第二甚至第一大经济体，当时涌现出了许多杰出的设计师，包括平面设计师原研哉、田中光一和黑川雅之；建筑设计师畏研吾、安藤忠雄、伊东丰雄和妹岛和世；服装设计师山本耀司、三宅一生和川久保玲等。他们的经验和作品，并没有狭隘地局限在日本文化和日本国内，事实上他们是为世界所认可的。一个国家的经济发展，势必需要这个国家自己拥有一大批具有独立思想和成功实践经验的人才可以的。中国当下尚缺乏与

第二大经济体地位相匹配的思想，在各个设计领域都缺乏可以对外输出经验的设计师（建筑、服装、平面领域已经有一些），其根本自然还是因为缺乏独立思考与特立独行的成功经验。深泽直人这本书，就可以让人看见，在产品设计这样非常复杂、非常理性、充满商业化的领域，独立思考和探索依然是成就的不二法门。这本书也可以对中国设计师和企业家们在自主设计和自主创新上有所启发。

最后，深泽直人这本书里面所讲述的设计理念，让我共鸣；这其中所展现出的设计大师的素养，让我折服。

在这本书里，深泽直人所讲述的是与欧美设计流派截然不同的设计思想与实践，它抛弃了形式服从功能、甚至以人为中心的物的设计思想，进入了无意识、可供性、甚至无设计（在深泽直人看来，设计是自然的，原本就存在的，设计师只是把它找到并呈现出来）这样理性与感性交织非常强烈的领域之中，它介乎于艺术与工程之间，它交融了实用主义哲学、生态心理学、社会文化、新技术与新材料等等，它无拘无束地自由驰骋。透过这本书，也可以看见非常不同于欧美设计的一种内敛与沉静的设计风格，而更让人值得深思的是，他的设计虽然有着明显日本文化的影子，但却也是为世界人们所喜爱的，其原因可能在于他深刻地洞察了人、物和环境之间的关系。这种关系是普世的，他将这种普世的关系用简洁而富有变化的设计表达了出来，从而激发了大多数人们内心的触动而喜爱。这种经验，对于中国当下也颇为重要，做出好设计，盲目从众不可取，必须要对世界有更深刻而独到的认识才可以。而我自身，也正是在向着这个方向努力和实践，我所主张的设计需要融合艺术、技术和乐趣，并且需要根据产品所服务的人群，所要解决的问题和场景，进行最贴切的设计，在保障易用性、直觉化操作的同时，也要能给人们带来内心愉悦的感受，而且还需要帮助产品通过创新取得竞争优势，达到商业成功。这些其实与深泽直人都有着许多共通之处。

而通过多位设计师、艺术家和学者在此书中谈论深泽直人，以及他自己对设计思考过程的介绍，更让我看到，一位优秀的产品设计师，应该具备四种角色特征：学者、工程师，艺术家以及企业家。深泽直人研究过日本、美国、欧洲文化，以及至少非常深度地研究过生态心理学（比如读过其奠基人詹姆斯·吉布森的著作），他对可供性，意识与无意识的理解已经非常深刻，这在许多设计师里都是做不到的，而如果没有学者的修养，可能也难以有很高度和深刻的思想洞察；深泽直人的设计往往采用了新材料和新技术，他的设计本身对材料和技术的挑战也非常大，所谓“形愈简，工愈艰”，所以做设计的时候，就需要了解清楚材料、工艺的特性，这需要有着工程师般的耐心与逻辑理性；他的作品各具特色、变化无穷，并且能感受到对极致的挑战。比如，虽然他设计了很多款手表，但是它们各不相同又都有吸引力，而且他的作品不仅仅是完成了功能，它们还会带给人们内心的愉悦和思考，这大概是只有艺术家才会有的特质；深泽直人在这本书里多处介绍与多个公司的创始人和高层主管探讨产品和设计，这必须要有与企业家同样层次的对市场的理解，对品牌的理解，对成本与利润的理解。

当然，我可能并非是翻译此书的最佳人选，因为我所从事的工作是软件产品的用户体验设计，它与工业产品的设计有许多不同。然而，可能也正是这种不同，反而可以让我用跨界的视角审视设计，发现它们的共同之处。比如，深泽直人说，他认为产品的软硬设计应该一起考虑，因为这些都是与人的交互，这一点我非常赞同。要超越产品功能本身，通过简洁的，尽可能去掉多余的设计，并带上幽默和乐趣，以及美学的享受。当然，最重要的是对人性与自然的真善美的终极关怀，这一些我们是完全契合的，软件产品设计与硬件产品设计在这样的高度上是可以完全一致的。另外，翻译的过程中、我发现自己过去所阅读的哲学、心理学方面的知识竟然也都派上了用场，这不禁令我更为欣喜。无论怎样，翻译此书当是一种缘分，一种时机的契合。

翻译此书，耗费了许多时间，据粗略估计，应该至少有200小时，因为大部分都是利用晚上和周末的时间，因此特别地感谢我的妻子、两个可爱的女儿和父母们的支持；也感谢我的团队，在我们创业争分夺秒的时候，能让我花费如此多的时间和心力去“不务正业”；也感谢湛庐文化，给了我这样一次机会，能够翻译一本这样很有价值的书，让自己与设计大师之间也有了最近距离的促膝长谈。也感谢湛庐文化的编辑和设计师们，此书在她们的耐心校对、修改和精心排版下，变得更加流畅和精美。不过由于本人才疏学浅，此书翻译完后或许依然存在很多草率之处，若有歧义或者不知所云及其他问题，皆因我之故，欢迎批评指正。

2016年9月 于深圳

我們出版的所有圖書，封底和前勒口都有“湛廬文化”的標志

并歸于兩個品牌

找“小紅帽”

为了便于读者在浩如烟海的书架陈列中清楚地找到湛庐，我们在每本图书的封面左上角，以及书脊上部 47mm 处，以红色作为标记——称之为**“小红帽”**。同时，封面左上角标记**“湛庐文化 Slogan”**，书脊上标记**“湛庐文化 Logo”**，且下方标注图书所属品牌。

湛庐文化主力打造两个品牌：**财富汇**，致力于为商界人士提供国内外优秀的经济管理类图书；**心视界**，旨在通过心理学大师、心灵导师的专业指导为读者提供改善生活和心境的通路。

阅读的最大成本

读者在选购图书的时候，往往把成本支出的焦点放在书价上，其实不然。

时间才是读者付出的最大阅读成本。

阅读的时间成本=选择花费的时间+阅读花费的时间+误读浪费的时间

湛庐希望成为一个“与思想有关”的组织，成为中国与世界思想交汇的聚集地。通过我们的工作和努力，潜移默化地改变中国人、商业组织的思维方式，与世界先进的理念接轨，帮助国内的企业和经理人，融入世界，这是我们的使命和价值。

我们知道，这项工作就像跑马拉松，是极其漫长和艰苦的。但是我们有决心和毅力去不断推动，在朝着我们目标前进的道路上，所有人都是同行者和推动者。希望更多的专家、学者、读者一起来加入我们的队伍，在当下改变未来。

图书在版编目（CIP）数据
深泽直人 /（日）深泽直人著；路意译 . —杭州：浙江人民出版社，2016.10
ISBN 978-7-213-07589-6
Ⅰ.①深… Ⅱ.①深… ②路 Ⅲ.①产品设计 Ⅳ.①TB472
中国版本图书馆 CIP 数据核字（2016）第 203014 号

浙江省版权局
著作权合同登记章
图字：11-2016-348 号

上架指导：设计

深泽直人

［日］深泽直人 著
路 意 译

出版发行：浙江人民出版社（杭州体育场路 347 号 邮编 310006）
市场部电话：（0571）85061682 85176516
集团网址：浙江出版联合集团 http://www.zjcb.com
责任编辑：王放鸣 方 程
责任校对：张谷年
印 刷：北京雅昌艺术印刷有限公司
开 本：250 mm × 290 mm 1/12 印 张：20 4/12
字 数：75 千字
版 次：2016 年 10 月第 1 版 印 次：2016 年 10 月第 2 次印刷
书 号：ISBN 978-7-213-07589-6
定 价：199.00 元

如发现印装质量问题，影响阅读，请与市场部联系调换。